水俣病患者とともに

日吉フミコ——闘いの記録

松本勉・上村好男・中原孝矩編

草風館

日吉フミコ・写真帳から

テーブルクロスを織る坂本しのぶと談笑する日吉フミコ
水俣市内山の「ほたるの家」で。2001年（平成13）4月12日
撮影/中原孝矩

熊本女子師範 4 年のとき熊本県女子中等学校庭球大会で優勝
松永ミツ（前衛）、写真右の高宗（日吉）フミコ（後衛）組が7年ぶりに優勝。ミツは師範卒後昭和11年死亡。フミコは戦後台湾から引き揚げてからお墓を探してお参りに行った。熊本市立高女で。1933年(昭和8)9月

⇦八幡プールの排水パイプ
漁好きらしい人から「干潮のときにしか見えない排水パイプがある。調べてくれ」と電話があった。会社の見張り番がいない雨の日に一人で調べに行った。八幡プールのカーバイド残渣から水が抜けるように敷設されたかくしパイプがあった。これは後日議会事務局の職員に写させた写真。後に通産省の役人の要請で送ったら「政府の公害認定に非常に役立った」と石田宥全代議士（新潟）から連絡があった。1966年(昭和41) 4月27日　撮影/水俣市

3期目の市会議員に挑戦

教師を辞め市会議員に挑戦し初当選したのが1963年(昭和38)4月、連続4期当選した。2期目の1968年(昭和43)1月市民会議結成、水俣病問題一筋に取り組み、患者家族の大きな支えになった。写真は3期目の挑戦。水俣市初野、水東小学校下の水汲み場で。1971(昭和46)4月　撮影/塩田武史

水俣病対策市民会議の発足
新潟水俣病患者、支援団体一行の水俣来訪をひかえ、水俣でも患者支援団体をつくることを目指し、地協（水俣地区労働組合協議会）傘下の組合員を中心に呼びかけ水俣病対策市民会議を発足させた。集まった人は水俣病患者家庭互助会の中津美芳会長、医師、個人らを含め36名。目的①政府に水俣病の原因を確認させるとともに第三、第四の水俣病の発生を防止させるための運動を行う。②患者家族の救済措置を要求するとともに被害者を物心両面から支援する。会の名称中「対策」は行政が使う言葉だとして1970年8月削除した。中央奥の左から日吉フミコ、松本勉、元山弘。水俣市教育会館で。
1968年(昭和43)1月12日　撮影/朝日新聞・中原孝矩記者

⇦　松橋療護園前で園田厚生大臣をつかまえる
熊本県天草郡出身の園田直代議士が厚生大臣になってお国入りしたとき、日吉フミコは陳情したいと熊本県衛生部に申し入れたがいれられなかった。そこで考えたのが直接、大臣をつかまえ陳情することであった。これは見事に効を奏した。政府の水俣病の原因発表、患者救済を訴える日吉フミコ。隣りは互助会長の中津美芳。手前後ろ向きが陳情を受ける園田厚生大臣。1968年(昭和43) 1月18日　撮影/朝日新聞・中原孝矩記者

日吉フミコ・写真帳から

新潟水俣病患者、弁護士、映画班らを水俣駅頭で出迎え
左から（顔の分かる順）大群喜代人、森山保孝、引地諄、坂東克彦弁護士（新潟）、元山弘（横向き）、日吉フミコ、桑野四郎（新潟）、近喜代一（新潟）、石田宥全代議士（新潟）、橋本十一郎（新潟）、松本満良、江口和伸。
1968年(昭和43)1月21日　撮影/朝日新聞・中原孝矩記者

⇦　市民の前に初めて姿を見せた胎児性水俣病患者
熊本市で開かれた全国自治労大会（全国の県市町村職員で結成する組合の大会）。胎児性と小児性患者7名（長井勇、滝下昌文、鬼塚勇治、坂本しのぶ、金子雄二、永本賢次、前田恵美子）、成人の患者3名（中間照子、坂本タカエ、山本節子）。中央演壇で支援を訴える日吉フミコ。熊本までの往復マイクロバス代は東大学生青山俊介の寄付、湯之児リハビリテーションセンター医師たちのカンパなどが大きな助けになった。胎児性患者には母親、祖母たちが付き添い、青山俊介、市民会議から元山弘、松本勉なども付き添った。熊本市民会館で。1968年(昭和43)8月27日　撮影者不明

日吉フミコ・写真帳から

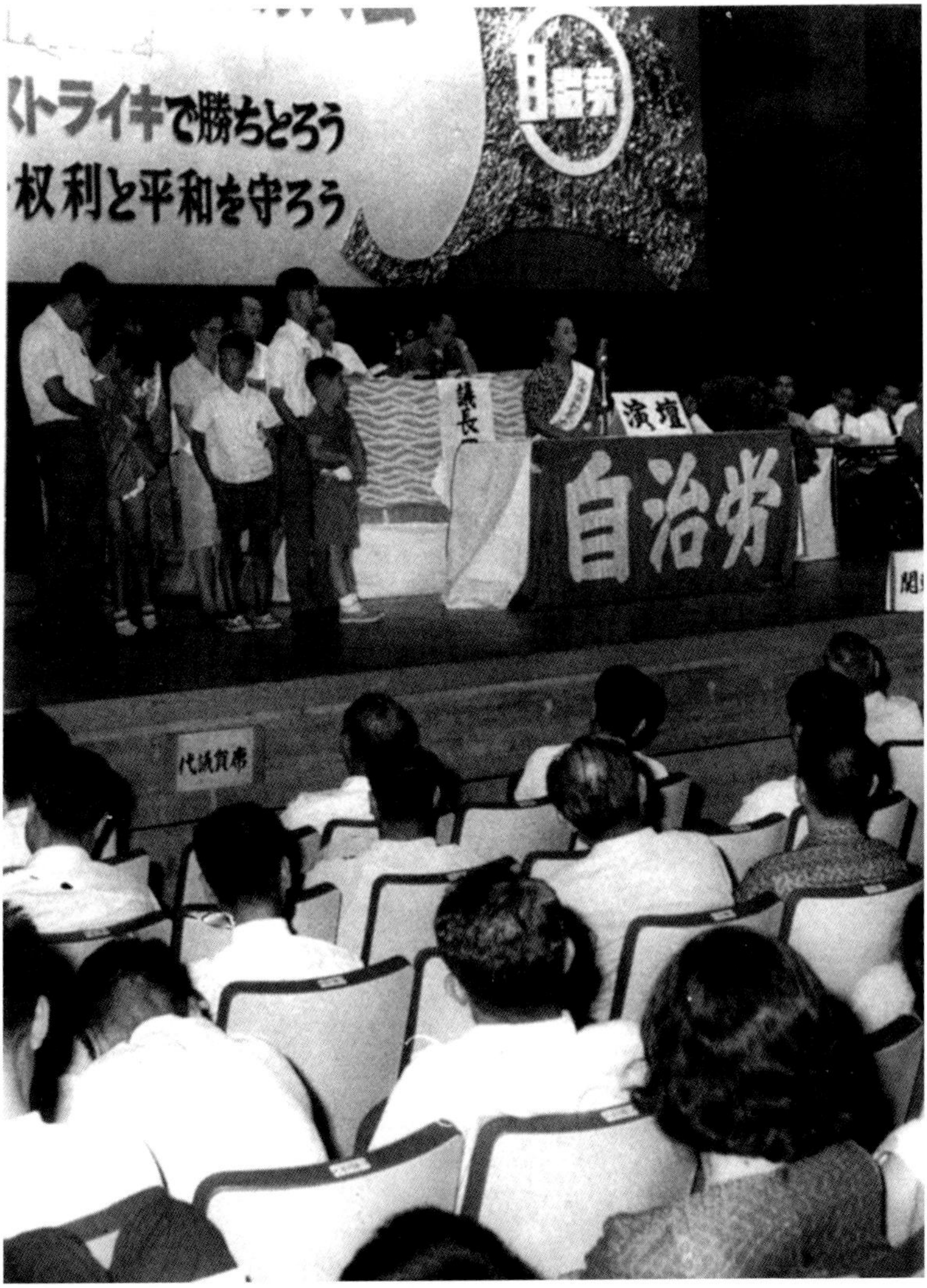

補償処理委の一任派補償額提示を前に厚生大臣に面会要求
患者さんの面会申し込みに、内田常雄厚相の代わりに出てきたのは橋本龍太郎政務次官。「政府が今日まで国民の生命を尊重しなかったことがあるか！今の言葉を取り消せ！」。渡辺栄蔵さんの「政府が今日まで人命尊重を……」という発言に対して、この高飛車な発言がなされたのだ。私はチッソ幹部に劣らず破廉恥なこの次官の発言にビックリしてしばし茫然、シャッターを切ることも忘れてしまった（写真家河野裕昭の言葉）。前列右二人目から坂本マスヲ、浜元二徳、日吉フミコ、渡辺栄蔵（原告団長）、松本勉、後ろ姿は橋本政務次官。厚生省で。1970 年(昭和 45)5 月 15 日　撮影 / 河野裕昭

日吉フミコ・写真帳から

あまりにも低過ぎる
一任派の水俣病補償交渉で死亡者最高400万円などの上積案を受託したため、不満の声が充満した。水俣のチッソ正門前の抗議集会で挨拶する日吉フミコ市民会議会長。新日窒労組（第1組合）8時間ストライキ。日本初の公害スト。1970年(昭和45)5月27日　撮影/塩田武史

水俣巡礼団熊本着（1）⇨
巡礼団は1970年7月3日、東京チッソ本社前を出発し、川崎、横浜、富士、名古屋、四日市、京都、万博会場、大阪、神戸、広島、岩国、徳島、北九州、博多、熊本を巡礼。カンパを訴え、水俣に到着したのが7月11日だった。巡礼団は砂田明（劇団・地球座主宰）、白木喜一郎（同団員）、高橋孝次（同）、岡田徹（立教大学大学院生）、岩瀬政夫（同）、相徳和正（立教大学・学生）、魚住道郎（東京農業大学・学生）、村岡茂芳（東北大学・学生）、市原靖彦（明治大学・学生）、宮本成美（カメラマン）。
写真　左砂田明・右岡田徹。熊本駅前と思われる。1970年（昭和45）7月9日　撮影／塩田武史

⇦　水俣巡礼団熊本着（3）
奇病、伝染病、小児マヒ、栄養失調、水俣病などと翻弄され、原因がある種の重金属としぼられても、セレン。マンガン。タリウム、農薬説まで出て、長年だれ一人手を差し伸べてくれる者もいなかった水俣病患者たち。数知れぬ支援者たちに囲まれてただ涙、涙、涙。前列左から坂本フジエ、尾上ハルエ、坂本トキノ。後列左から前嶋サヲ、前嶋武義。巡礼団が集めたカンパ約68万円。熊本市交通センターで。1970年（昭和45）7月9日　撮影／塩田武史

水俣巡礼団熊本着（2）
「熊本着。遂に来たという感じがする。多くの人が出迎えてくれた。感激。……会場は人で埋まっている。始まる前から熱気があふれている。巡礼団が入る度に拍手。熊大生の踊り、CO患者の会、水俣病患者、漁民らの踊りが続く。水俣病患者と巡礼団の手がしっかりと結ばれる。涙がとめどなく流れる……」(岩瀬政夫著『水俣巡礼』現代書館刊から)。熊本市交通センターで。1970年(昭和45)7月9日　撮影/塩田武史

チッソ株主総会に全国から結集
大阪に総会前日の夕方着いて集会。中央菅笠が日吉フミコ。
1970 年(昭和 45)11 月 27 日
撮影/河野裕昭

株主総会後、高野山で裁判勝利必勝祈願
(前列左から) 釜時良、上村良子、田中アサヲ、田中義光、日吉フミコ、坂本トキノ、石牟礼道子、(後列左から)江郷下一美、浜元フミヨ、渡辺栄一、江郷下マス、杉本トシ、浜田シズエ、平木トメ、岩本マツエ。高野山で。
1970 年(昭和 45)11 月 29 日　撮影 / 塩田武史

日吉フミコ・写真帳から

原告患者家族の現地尋問
裁判官が30世帯110人の苦しみを聴取（右中央が斎藤次郎裁判長）。月浦で。1972年(昭和47)7月24～30日　撮影/塩田武史

御詠歌をとなえる日吉フミコ
水俣病裁判（1次）結審後、上訴放棄をチッソに迫るなどの東京行動の途上で、患者とともにカンパ活動をする。大阪の反戦集会で。1972年(昭和47)10月21日　撮影/河野裕昭

水俣病裁判（一次）の法廷内風景
渡辺栄蔵原告団長の昭和34年末の見舞金契約に関する証人尋問。証言翌日の各紙は次のように伝えている。「せっぱ詰まって調印/見舞金契約/渡辺さん怒りの証言」（熊日）。「検討の余裕なかった/見舞金契約の内容/渡辺さん証言」（西日本）。「あせって印押した/渡辺さん見舞金契約で証言」（朝日）。34年見舞金契約は判決において「公序良俗に違反し無効である」とされた。証人席の後ろ姿が渡辺栄蔵原告団長。熊本地裁で。1972年(昭和47)8月31日　撮影/塩田武史

日吉フミコ・写真帳から

チッソの上訴放棄、公調委は調停金額を示すなの行動
25日　10·21反戦集会(大阪)に出席していた日吉フミコ一行と、水俣から上京した上村好男・良子夫妻・智子ら一行14名と、ひかり26号（大阪10時16分)で合流、東京へ。チッソ本社交渉、チッソは面会拒否。会社の河島庸也、土谷栄一ら幹部の態度に腹をたて荻窪の島田賢一社長宅へ抗議。チッソ本社へ帰りまた抗議、宿舎へ帰る（日吉メモ）
26日　朝6時すぎ、荻窪の島田社長宅へ。チッソ本社へ。環境庁長官に要求書提出。総理府公害等調整委員会で五十嵐義明委員長に会わせろの要求で座り込み。泊まり込む（日吉メモ）
27日　午前3時30分、公調委の川村事務局長が面会に来る。「五十嵐委員長に会わせる」約束をする。午後1時30分より会う。日吉、渡辺栄蔵、岩本マツエ、支援者の谷洋一、上村智子と両親の7名。五十嵐委員長に智子ちゃんを抱かせる。
前列左から　田中義光、日吉フミコ。江郷下マス、坂本トキノ、釜時良、松本勉、江郷下一美、砂田明、佐藤武春、（中列左から）坂本フジエ、田上義春、浜元フミヨ、岩本公冬、岩本マツエ、釜しおり、松本トミエ、長島アキノ、上村好男・智子・良子、小道徳市、（後列左から）川本輝夫、坂本数広、牛嶋直、山下善寛、溝口忠明、岡本達明、田上信義。総理府で。1972年(昭和47)10月27日　撮影者不明

水俣病裁判判決（一次）の当日

マイクを握り左手で指さしているのが日吉フミコ。判決直後の熊本地裁前で。1973年（昭和48）3月20日　撮影/塩田武史

水俣病患者とともに／日吉フミコ　闘いの記録▩目　次

序として

熊本学園大学教授　原田正純

当然というか、やっとというか日吉フミコ先生の記録が出版されることになって嬉しい。むしろ遅すぎた感さえある。水俣病事件史のなかで日吉先生の存在は大きいのである。

私は昭和三六、七年ころ、湯堂や茂道を調査して回りながら、ショックを受けたのは病気の悲惨さもさることながら、患者が、貧困と差別、そして孤立無援の状態にあったことである。どうしてこの患者たちはこのように孤立しなければならないか理解できなかった。私の世代は、いわゆる当時の革新政党や労働組合には「弱者の味方」という期待があった。しかし、あの時、革新政党も組合も患者の味方ではなかった。「党や組合などの組織が、弱者の味方と思ったことは幻想だった」とさえ思った。同様な想いで、持ち前の正義感から本書の編者のひとり松本勉さんが、昭和四二年一二月に「水俣の革新陣営はその原因究明と患者家族の闘いに何らの支援体制を組まなかった。恥ずべき怠慢である」と手紙で水俣の各陣営に書き送っていたのを本書で知った。それを受けて見事に患者支援と行政・企業の責任追及に立ち上げたひとりが日吉先生であった。

一九六八年（昭和四三）一月に水俣市に患者支援の水俣病対策市民会議（後の水俣病市民会議）がで

きたことを新聞で知ったとき、本当に嬉しかった。その事務局長の松本勉さんが市職組出身であることには驚かなかったが、会長が市会議員と聞いて驚いた。それからの日吉先生の活躍は超人的であった。行政や政治家との接触と陳情・交渉、しばしばの上京、チッソへの抗議、患者の面倒から裁判の準備、新潟との交流、各労組への広報、そして議会活動とたいしたエネルギーであった。そして、日吉先生らの活動が一九六八年九月の政府の公害認定を引き出す一つの要因になった。それはこの記録を読めばわかる。

新潟水俣病は初めから違っていた。一九六五年（昭和四〇）六月に新潟水俣病が発見されて、その二ヶ月後には地区労、勤労者医療協議会など一七団体による新潟県民主団体水俣病対策会議（議長斎藤恒医師）が結成されて患者支援体制ができている。そして、翌年六月には昭和電工を被告とする損害賠償請求訴訟をおこした。

その新潟と水俣を繋いだ功労者の一人は日吉先生であった。

新潟からの最初の訪水団の中に一人の胎児性患者が来るというので、水俣に出かけたとき初めて日吉先生と出会った。水俣の「肝っ玉おっ母」だから恐ろしい女性かと思っていたら、ニコニコした小柄のおばさん（失礼）だった。その時の写真には新潟の患者のほか私、日吉先生、坂本フジエさん、しのぶさん、故川本輝夫さんなどの顔が見られる。

以来、今日までの日吉先生はまったく変わならない。こんなに変わらない人も珍しい。その後の日吉先生の活躍はいうまでもないが、その功績は必ずしも正当に評価されているとは思えない。その意味でも今回の出版は嬉しい。

常に弱者・国民の立場に立って、一生、公害を摘発し続け、「このような公務員が百人いたら日本は変わる」といわれた人がいた。海上保安庁の巡視艇の船長だったので「海のGメン」と呼ばれて人びとから愛された田尻宗昭さんである。その後、美濃部東京都知事に乞われて東京都公害部長になった人であったが、一九九〇年（平成二）四月に亡くなった。仲間の手で田尻賞が創設されて、環境問題や職業病問題、海の保護に取り組んだ人々に贈られている。第四回の受賞者が日吉先生である。この賞は草の根の活動に対して贈られるもので、学者や役人には贈られない。日吉先生こそ、水俣の女田中正造であるとした。民衆の側に立った象徴として長く語り継がれていく人である。

水俣病に関してすでに多くの記録や論説が出た。膨大な『水俣病事件資料集』（葦書房）も出版された。しかし、水俣病事件史に関してきわめて重要な水俣市議会や市民会議の動きの部分が大きく欠落していた。今回の出版は、その空白を埋めるという大きな意義があった。市議会での「肝っ玉おっ母」のやりとりは、実に臨場感にあふれてとにかく面白い。そして議会民主主義とは何か、と問いかけているようである。

現在、日吉先生は、水俣病にとりくむ場、「水俣ほたるの家」で、野菜を育て、みんなで一緒に食べることを楽しみにしている。その時の、その顔にはかつての闘士の面影はない。いつまでも、野菜つくりの好きな元気なおばさんでいてください。

まえがき1　患者のために孤軍奮闘した「即興劇」

本書は、水俣病患者のために闘った元水俣市議会議員日吉フミコさんの記録である。彼女にかわって、松本勉（元水俣市職員、水俣病市民会議事務局長）、上村好男（胎児性患者の故上村智子の父親）、中原孝矩（元朝日新聞水俣駐在記者）の三人が協力してまとめたものである。

水俣に患者の支援団体「水俣病対策市民会議」ができたのは、水俣病が発見されてから一二年目の昭和四三年一月。その市民会議のリーダーが日吉フミコさんだった。

シナリオに従って演じられるのが演劇なら、市議会で水俣病問題をめぐり、日吉さんと水俣市長ら市の幹部とのやりとりを再現したこの一冊は、シナリオのない即興劇とでもいうべきだろうか。「質問する項目は自分が決める。市長や市の幹部がどんなことを答えるか、わからない。出たとこ勝負」と彼女は常に思っていた。緊張もあっただろう。失望したり、腹がたったり。つまらない時と、息をのむ時と。即興劇ならではの味を感じることができるだろう。

人の脳神経を直撃し、様々な重いマヒ障害を発症させた大量の水銀化合物。無機、有機を問わず、チッソ水俣工場から海へ長い年月垂れ流しされ続けた経緯が、工場長で後に市長となった橋本彦七自らの口で語られるくだりに、観客としての読者は息を飲むに違いない。

工場排水がこっそり長期間、垂れ流しされたことが問題になった場面では、議会答弁の端々に市長、市の幹部職員、議員たちと、チッソ会社幹部社員との力関係が浮き彫りになる。観客席からは「もっと厳しくやれ」とヤジの一つも飛びかねない雰囲気である。

国の公害認定が行われ、加害者チッソに様々な補償を求めるくだりになると、水俣病患者家庭互助会が国の補償あっせん機関に白紙委任する一任派とそれに反発する訴訟派とに分裂する。口を開けば患者家族のため、公平公正の大合唱。厚生省、市長、保守系議員が繰り返し口をそろえる。だが、口をそろえるほど結果は裏腹になっていく。調停を、仲裁を、と聞きなれない法律用語が独り歩きして、第三者機関が国の手でつくられていく。「頼みごとだから、任せろ。人選も、出された結果にも従え」とされていった。

国のやりかたは、一切の口出し封じ。結果にも異論を唱えさせない仕組みの中で、一任派は損害賠償とは程遠い金額を提示され、涙ながらに印をつかされる。企業責任も不問だ。

一方の訴訟派には露骨な差別、いやがらせがあの手この手で加えられる。家族を死なせ、生まれながらの胎児性患者を抱える、被害の重い人たちが、孤立へと追い立てられていく過程が息苦しいほどに鮮明になる。

無所属の一議員から社会党の一議員として登場した日吉さんは、こうした事態に先立って、水俣病患者家庭互助会支援のために水俣病対策市民会議を発足させる。その先頭に立って、支援運動の輪を熊本県内から全国へと拡大。そして、国会へも精力的に陳情行動を繰り広げる。

この本は、連続四期市議として在職した日吉さんが、議場で行った問題の核心を突く質問と、それに対して行われた市長答弁を柱にした議事録が中心となっている。しかし、議事録そのものの再録では、冗漫で、退屈になることもある。まとめるにあたり、日吉さんの発言を主体にすえ、内容には手を加えないことを原則とした。やむをえず削除したり、言い換えたりした箇所は、重複した発言や、議事録を整理した議会事務局員の間違いと思われる場合に限った。日吉さんの同僚議員の発言、市長や市の幹部の答弁では、本筋にはずれない部分を重視し、重複する言い回し、くどい発言は削除した。それでも発言の趣旨に間違いがないように整理したつもりである。

参考文献としては、東大の大学院生宇井純さんが現地を直接調べ歩き「富田八郎」の名で合化労連機関誌「月刊合化」にリポートした連載「水俣病」をはじめ、岡本達明・松崎次夫編『聞書・水俣民衆史』(草風館)、熊本女性研究会の機関誌に連載された石原通子さんの「水俣の女・日吉フミコさん」、松本勉編集発行の「水俣ほたるの家便り」を参照した。

追加した「日吉フミコの生い立ち」は、人柄を生き生きと伝えるためだが、前半は石原さんの「水俣病と女性たち　水俣病市民会議会長・日吉フミコのばあい」を許可を得て全文転載した。お力添えに心からお礼申し上げる。後半の「幼き日々」は松本勉がまとめた。

全体の構成について貴重なアドバイスをいただいた元NHKアナウンサー宮澤信雄さん、事件の日付や確認で指摘をいただいた元朝日新聞記者西村幹夫さんに大変お世話になった。

本書の企画立案は、水俣市の職員として在職中に、自由参加の患者支援市民運動として水俣病対策市民会議の発足に奔走し、事務局長を務めた松本勉によるものである。

第一次水俣病訴訟の原告の一人、上村好男は、膨大な議事録抜粋をワープロに打ち込む作業を三年がかりで担当した。市民会議発足当時報道にかかわった中原孝矩が全体の編集と構成を担当した。

出版にあたり、最初から気軽に相談にのってくださった草風館の内川千裕氏に深く感謝申し上げる。

(出版にあたり編者を代表して　中原孝矩)

まえがき2　日吉先生の議会内外での苦闘を知る

一九九四年チッソ関連会社を定年退職してから、日吉先生の記録を残そうと松本勉さんから誘いがあった。そのときはじめて市議会議事録というものを読んでみた。時間をかけて一通り読んでいるうちにわかったことは、日吉先生が、議会のなかでも孤軍奮闘といってもいいほどの、相当の苦労をしておられるということであった。

昭和四十四年一月二十二日、水俣市議会は政府に提出する「公害に関する行政措置についての意見書」（九七頁参照）というものを可決する。この提案には公害対策特別委員十一名が名をつらね、日吉先生もその一人になっている。日吉先生は市民会議の会長でもあるから、一月十二日の市民会議結成一周年総会でチッソに抗議することを決め、二月十五日、「水俣病対策市民会議会長日吉フミコ」の名でチッソに抗議する（抗議文は一一四頁参照）。これが三月二十日の議会で問題になる。「水俣病対策市民会議会長日吉フミコ氏であられるか……」「同一の人物であるなら、現在水俣市の市議で公害対策委員のメンバーの日吉フミコ氏であられるか……」「同一の人物であるなら、市議会が統一した意志による公害に対する意見書と全く相反するようなことをなぜするのか……」「二重人格ではないか……」などのいやがらせがある。

もう一つは、厚生省がつくりあげた補償処理委員会（第三者機関・委員長千種達大の名から千種委員会ともいわれた）の補償額が死者一七〇万〜四〇〇万円という命の値段の安さをめぐって、当時の市長を追及した日吉先生への懲罰である。これは昭和四五年六月一七日の議事録にある。懲罰の元になったのは、①チッソ資本の応援を受けて市長になった浮池正基市長。②殺された人間の値段を安く売った浮池市長。③死者にかわってあなたを呪います、の言葉である。「この三か所は不穏当だから取り消せ」と議会の保守派はいうが、日吉先生は「せっかくですけれども、取り消しはいたしません」とはねつけ、懲罰として三日間の出席停止処分を受ける。

家にあっては脅迫電話が幾度となくあったり、夜中に雨戸を叩かれたりした。茂道では「お前が来るとボラの値段が下がる。今度来たら煮え湯をぶっかけてやる」と怒鳴られ、洗濯水をぶっかけられた。湯堂では燗ビンを投げつけられた。

しかし、先生はひるまなかった。先生のすばらしい行動力は、患者家族とともにその先頭に立ち、政府の公害認定、裁判（一次）の勝利へとつながっていった。

水俣病事件という難しい問題に、ただ真実一路、患者の側に立って全身全霊を投じられた先生は、この後、訴訟派と自主交渉派が一体となってチッソ本社に乗り込み、補償協定（年金、医療費問題）に道を拓かれたことは、患者家族にとって忘れてはならないことである。昭和四十八年七月九日に結ばれた補償協定（二七五頁参照）には、チッソ東京本社交渉団長田上義春、チッソ株式会社取締役社長島田賢一、専務取締役野口朗。立会人には衆議院議員（環境庁長官）三木武夫、同馬場昇、熊本県知事沢田一精、水俣病市民会議会長日吉フミコの名がつらなっている。

（水俣病互助会　上村好男）

第一章　会社の言うことは信じられない

昭和四十一年六月十八日　　午前十時三十八分　開議　午後零時四十六分　閉会

議事日程第四号　日程第一六　八幡排水について

公害対策特別委員長報告

◎議長（斉所市郎君）　これより公害対策特別委員長の報告を求めることにいたします。公害対策特別委員長　淵上末記君。

（公害対策特別委員長　淵上末記君　登壇）

◎淵上末記君　公害対策特別委員会のその後の活動状況についてご報告申し上げます。

これまで会ごとに大体の報告はいたしておりましたように、公害問題の対策については、各委員とも非常に関心をもってこれに当たってまいっております。チッソ工場並びに新日本化学など視察し、懇談会を開き、硫酸焼きかすの件、排水等の問題、焼却場入り口の道路の問題及び八幡の残渣捨て場の件、その他種々の問題について善処を要望するなどいたしてまいったわけでございます。

一方会社としても粕野次長、夏目公害課長など関心も深く、積極的に研究検討しておられるところでありまして、環境装置の設備などなされて、市民に迷惑をかけないようにする意欲は十分うかがえておるのであります。なおいっそうの最善の措置を願うべく委員会としては他市の公害状況など調査研究の必要を痛感いたしまして、私たち公害対策特別委員会といたしましては、行政視察を兼ねて、先進地の都市をつぶさに調査いたしてまいりたいと存じております。その結果につきましては、さらに議会に報告いたしご検討を願いたいと思っております。どうか次の議会まで、閉会中の継続審査の議決をお願いしたいのであります。以上であります。

◎議長（斉所市郎君）　ただいま淵上公害対策特別委員長の報告がありましたが、さらに次の議会まで継続審査をお願いしたいとのことでございます。これについてご異議ございませんか。

◎田上憲雄君　採決の前に委員長にお尋ねしたい。もしご調査になっておられるのであれば、ご報告をお願い申し上げたいと思います。

最近日本チッソのほうの煙が新日本化学に比べて非常に多くなったように思いますが、そのことについて何かご調査があったか、お伺い申し上げます。

第二点は、会社の悪水が浄化されないままに漏れておるというようなうわさも聞きますが、私は重大関心をもっておるのでございます。何かご調査しておられるか、その点をお伺い申し上げます。

◎淵上末記君　田上議員のご質問にお答え申し上げます。

新日本化学とチッソのばい煙問題について、現在は新日本化学の方は非常に少ないが、チッソの方は多いように感ずる、どうしたわけだろうかと、かようなご質問です。私たちも現場に行き、そして責任者と会うて、その問題を問いただしましたところ、新日本化学は電気集塵機をつけましてできるだけ、ばい煙が出ないように一生懸命やっていらっしゃる。現に改造をされていらっしゃるわけであります。そういう意味から以前と比べますと煙が少なくなったというようなことがうかがわれるのであります。

チッソのほうに委員会といたしまして、再々ご忠告を申しあげますし、またこの問題については意見も申し上げておるのでございます。会社も前向きの立場から、できるだけこれを出さないようにすると申されていらっしゃるわけでございまして、どれくらいの程度でばい煙がくるかということにつきましても、皆さん方の承知の通りです。ばい煙については、関心をもって善処をしておるわけでございます。

それから排水溝に悪水が流れると、これを知っておるかというような、ご質問でございますが、この問題も会社と折衝した時分におきましては、そういう問題も出まして、われわれも全部そろってその個所なんかを全部調査したわけでございます。会社もあらゆる面で改造を加えて、公害になるような問題につきましては、できるだけこれを少なくしていく、そして絶滅に近いように努力をするというようなことでございます。

◎議長（斉所市郎君）　ほかにございませんか。

◎村上実君　三月議会で、公害対策特別委員長に注文を申しあげております。八幡の残渣プールの浸透水が直接海に流れておるという事実がございましたので、ご調査を願って、それが対策を講じていただくべく努力を願いたい、という注文をしておったわけです。そのご調査なさったものかどうか。会社の方もこの問題には熱心に取り組んでおるというご報告がございまして、たいへんけっこうなことでございますけれども、公害対策委員会からやかましくいわぬとその対策をせぬということであってはいけないと思います。ずいぶん長い期間、浸透水を流しておった事実がある。その辺のことについてどうなっているのか、ちょっと教えて下さい。

◎淵上末記君　お答えいたします。

いまの八幡の残渣の問題につきましては、委員全員、市当局、議会のほうから実地調査に行って見ますと、なるほど悪水が海面に流れていることもわかります。その問題につきましては、善処方を申し出て、早急に対策を講じていただくように、申し上げてまいったわけでございまして、その後、結果はどうなったかわかりませんけれども、その意思は十分相手方にも伝えてあります。ひとつご了承願いたいと思います。

◎広田愿君　いまの悪水の排水の問題になりますが、衛生課長にお尋ねしたいと思います。従来これは水俣病が非常にはやった時分からの関係になると思いますが、チッソのほうでサイクレーターをつくって、チッソのほうに浸透水を還元浄化するというふうな施設ができるまでは、残渣プールから直接海のほうに放流しておったという事実があるわけでございます。これが水俣病につながるということは、私は断定できませんけれども、少なくとも水俣病がはやっておった時分には、チッソの残渣プールから海に流れておったということはあり得るわけでございます。そういう面で衛生課として、あそこの悪水が流れておる、その水質の調査を衛生試験所あたりに依頼されたかどうか、お尋ねしたいと思います。

◎衛生課長（徳永喜悦君）　この件については公害対策特別委員会の委員さんとともに現地を見、その前にもむろん調査しました。その時点において私のほうで、独自で排水を採取して、県の衛生研究所に検査を依頼しております。その成績が二、三日前まいりました。水俣病が一番心配でございますので、水銀というものに最も重点を置いて調べたわけでございます。従来工場の百間のほうの排水が、水銀の含有量が、大体ゼロという時期も非常に多かったんですが大体において〇・〇一五〔PPM（編者注）〕までが最近の状態でした。それに対し八幡の排水が〇・〇二九〔PPM〕でございます。工場排水の約倍の水銀量の含有である。これは一回の試験の成績ですが、一応そういう成績をあげ衛研においても従来よりも大きくふえておるんだから問題がある。まあそれだけでございます。

◎広田愿君　いま衛生課長のほうから分析の結果については、約倍の量が流れておるというようなことでございますし、当然対策委員会としても、いろいろご心配になっておると思います。やはり私たちは水俣病という、いまわしいこの病気を私たちは背負わされたという過去の経験を生かして、今後絶対に起こらないようにということで、細心の注意を払ってもらいたいと考えます。そういう面で特別対策委員会の方で水質の検査は常にやっていただくように。非常に危険であるというふうに私たちは推測いたしますので、そういうものが流れないように、衛生課のほうでも水質検査をやっていただきたい。といいますのは、いまはもう水俣病は起こらぬもんだというふうに市民が信じております。分析の結果が、約倍も流れておるというようなことになりますと、あの付近に潮干狩りに行ったり、あるいはタチを釣ったり、あるいはほかの魚つりに行く人が増えており、執行部の方もそういう検査をやっていただきますようにお願い申しあげて、質問を終わります。

◎山口義人君　私は委員でございますが、工場視察に行った時に粕野工場次長の説明せられた点をみなさんにお伝えしたいと思います。工程の中でアルデハイドをつくるときに、酸化水銀を入れて、それを放流しておったのを、現在は循環して使い、余ったやつは大きなタンクの中にポンプアップして貯蔵しておる。新しい水は補給しないで流しておった排水を循環させて、そして還元剤で使っておるから現在の段階としては一滴もサイクレーターにも流さぬし、排水にも流さないので、水銀については絶対私たちは心配をもっておらないということを断言せられたわけでございます。何が故にそういうことをしたかと突っ込みましたところが、新潟県かどこかに水俣病がはやって、これはきっと通産省かどっかが大きく取り上げてくる問題であるから、その前にそうしたほうがええというアイデアのもとに、なにかやせた部長に指示されて、それを現在決行しておるそうです。八幡に捨てる排水は、ほんとうにオーバーして流れておったそうでございます。水銀はあちらの方には絶対流しておらぬからご心配なく、というようなことでした。いま徳永さんも委員長もそれを言わっさんじゃったから、つけ加えて申し上げます。

◎**広田愿君**　いま山口議員のほうから絶対流しておらぬという会社の受け売りみたいなことを言われますけれども、水質の検査をやったところが、従来工場から流れておる倍の水銀量の〇・〇二九［PPM］が流れておるというようなことを衛生課長から私は聞いたわけです。ポンプの故障のためか何か知りませんが、流しておった。それがまだ修繕ができずに、海のほうに放流されておれば、やはり水銀の量は流れておるということになりますので、そういうことがないように、公害対策委員会も、衛生課でもそういうおそれがないように水質検査をやってもらいたいというのが、私の趣旨でございます。

◎**日吉フミコ君**　私も公害対策委員の一人でございますので、この前クリンカー工場の排水が流れているところを見に行きました。ちょうど干潮時で、どんどん流れているのを鬼塚議員と二人で調査しました。あれは不都合じゃないかということを申しましたところが、工場としましては、あれには全然水銀は流し込んでおらぬ、入っていないはずだ、アルカリ性は非常に強いが水銀は絶対ないというようなことをおしゃいました。測定の結果、〇・〇二九［PPM］あるということになれば、ウソを言ったことになりますので、会社の言うことは信じられないと、私は非常に憤慨しているわけでございます。

それからばい煙のことですが、なるほどチッソのほうが多いということは、私たちも認めています。チッソのほうでも前よりも三分の一でしたか、だいぶん少なくなっているというデータは出ております。集塵装置をするのに非常にたくさんのお金がかかるので、なかなか困難だということを言われましたが、クリンカー工場としては、集塵装置をしておるわけです。チッソのほうは、お金がかかるからというので、おざなりになっているというきらいがございますので、十分その辺りは私たちも、つついていかなければいけないと思っております。

◎村上実君　従来八幡プールの浸透水の海への流出個所は非常に人目につきやすい所です。その当時はちょっと出たら会社のほうでもたいへん気を使って、流出を防いでおったというのが事実なんです。ところがきょう現在、浸透水の海に流れ込む個所はめったに人目のつかない、しかもそこに行くには、そこの当務者の了解を求めて行かにゃいかぬ、特別区みたいな所に流れておる。そういう人目のつきにくい所だから、いきおいそのまま放っておるんではないかと、非常に人聞きの悪い解釈ですけれども、そういうふうに言わざるを得ないわけです。もしあの浸透水が人目につきやすい所で、あのようなことを一カ月も二カ月も流しておったら問題になっておったと思うんです。

人目につかないから、問題にならなかったということが言えるんじゃないか。あそこの浸透水は、従来流してなかったんです。全然流すわけにはいかなかった。そのためにわざわざ工場内のサイクレーターのほうに逆送しておった。そして循環逆送をしながら、浄化して流すというシステムになっておるわけです。ところがいまだに逆送能力がない、海の中に流しておるということです。こちらからやかましく言って初めて手をつけるということではいけないと思う。先ほど委員長の話では、会社のほうもなかなか熱心だとお話がございまして、たいへんうれしく感じますが熱心もその程度でございましょうし、もっともっと会社のほうにもねじを巻いてもらって、対策委員会の方も公害対策については、完璧を期するような処置を会社のほうに要請を力強くやってもらうご努力方をぜひお願いしたいと考えます。
◎議長（斉所市郎君）　ほかにございませんか。（「なし」と言う者あり）
◎議長（斉所市郎君）　本件につきまして、継続審査には、ご異議がないようですから、公害対策問題につきましては、さらに継続審査とすることに決定いたしました。
これをもちまして、昭和四十一年第三回水俣市議会定例会を閉会いたします。

六月十八日　午後零時四十六分　閉会

エピソード1　胎児性の子供らに衝撃を受け、私は市議の道を選んだ

台湾から引き揚げてきた故郷の熊本県菊池には教職のあきはなく、やむなく葦北郡百済《くだら》来《き》青年学校に赴任しましたが、長男の高校入学を機会に昭和二六年四月、水俣第一小学校に転勤した。四人の子供を育てながらの学年長勤務は大変でした。第一小学校に六年、次に水東小学校の教頭になりましたが、そのころの教頭は学級も担任し、事務も多く、学校以外のことに目を向ける時間もありませんでした。第一小や、水東小で水俣病のことが話題になったことはありません。

昭和三八年三月二二日、受け持ちの児童がケガをして市立病院に入院していましたので見舞いかたがた通知表を持って出かけました。大分良くなっていたので、お母さんと通知表のことなどおしゃべりしながら玄関に出て見ますと、北海道の北星学園女子高校の代表三人がすずらんの花束をかかえて、水俣病患者を見舞いに来ていました。水俣に住んでいて水俣病患者のことなど一度も考えたこともないのに、遠い北海道からわざわざ見舞いに来た生徒たちに、無関心を恥じました。市長の奥さんも来ておられたので、好奇心もあって二人で生徒たちの後について二階へ上がっていきました。看護婦がドアを開けると、津奈木の船場岩蔵というおじいちゃんが寝床に上半身を起こし、ふとんにもたれてタバコを吸おうとしているところでした。やせこけてがい骨みたいでした。口にくわえたキセルを持った手は曲がりくねって、ブルブル震えるので、おばあさんが差し出すマッチの火にな

怒るのです。見るのも気の毒でした。おばあさんは何回もマッチをすりながら「長男はひどうして、一カ月ばかりで死んでしまうし、今度は父ちゃんがこぎゃんなってしもうて……」と涙ながらの話に私も涙がにじんでしまいました。津奈木で網元をしていた人だそうです。最後が胎児性患者の部屋でした。

生徒たちについて部屋に入ると悪臭が鼻をつきました。一階の奥で窓もない暗い部屋に七、八人寝転がっていました。犬の遠吠えのようなうなり声をあげ、タオルの胸かけが、よだれでべとべとになっていました。

その時の衝撃は言葉では言い表せません。三嶋［功（編者注）］先生の説明も耳に入らず逃げ帰ってしまいました。それから昼も夜も胎児性の子供たちのことが気にかかり、私があの子供たちの母親だったらいったいどうすればいいのだろうか。床につくと、あの子たちの姿が天井にちらつき、うなされる夜が続きました。私は救いを求めて熊本から母を呼びました。四八歳の私は母にしがみついて寝ました。

そのころの私は夫婦で管理職になることはできないという県の方針で、校長になるか、先生を辞めて市議にでるか迷っていたときでした。先生をしているだけではあの子たちになにもしてあげられない。市議に当選したら何かできるかも知れないと思い、市議に立候補する道を選びました。

（編　者）

第二章　受難続く患者と家族

昭和四十二年十二月十五日

午前十時三分　開議

午後四時五十八分　散会

議事日程第二号　日程第一　一般質問

その後の水俣病について

◎日吉フミコ君　要点を先に申しますと、水俣病の原因究明はこれでよいのかということが一つ。入院患者の現状についてどうなっているかということが二つ。退院患者の自宅療養及び自活能力については、どうなのかということが三つ。次に水俣病対策費や患者治療費などの累計額が、国、県、市おのおのについて分かっておれば教えてもらいたい。なお、国民健康保険による負担がどれくらいであるかということが、質問の要旨でございます。

第一点の水俣病の原因は、水俣工場の廃液による魚介類の汚染によると医学界ではほぼ確定して、チッソでも、ここから出ていた水銀をサイクレーターに入れて循環水とし使っていますので、いまは一滴も外には出しておりません、と暗に認めた言い方をしておられるにもかかわらず、国として結論を出していません。これでよいのでしょうか。

新潟では厚相の諮問機関である食品衛生調査会が、すでに八月末、昭電の工場廃液が原因と答申し、厚生省もその見解を明らかにしています。水俣における水俣病患者は残念がっておられるでしょう。死んだ人は浮かばれないと思いますが、市当局はどう考えておられますか、お伺いしたいと思います。

次に入院患者の現況について、私はたびたび行って見て、ある程度は知っておりますけれども松永久美子ちゃんは小学校入学に後一週間というとき、口も聞けず、眼も見えず、耳も聞こえなくなり手足の自由まで奪われてしまいました。そしてもう十年、あたりまえなら高校二年生の楽しい青春時代を迎えておるはずなのに、生きた人形そのままの毎日を送っています。私はそれを見たときに、何と彼女の生命力が強い、しかし、これがどうにもされない、ほんとうに親御さんたちはどうあるのだろうと、いつも涙を流さずにはおられません。

しかしこの人のほかに、三名の子供たちのことについては知っておりますけれども、ほかの入院患者は現在まだ何人おられて、どんな様子だろうかと、このことも知らせていただきたい。

次にまた、退院患者の自宅療養の状況や自活能力があるのかないのか、そしてまた生活保護などを受けなければならない様子なのか、受けなくてもよい状態で生活しておられるのか、お聞きしたいと思います。

◎衛生課長（山田優君）　お答えいたします。水俣病は患者の総数が百十一名でございます。なくなられた人が四十二名。現在六十九名おられるわけです。入院患者が十六名です。なお、胎児性の患者は二十二名。そのうち二名が亡くなって、現在二十名おられます。

次に予算などの問題ですが、昭和三十三年から四十一年までの九年間に、衛生予算として市支出分が総額六千三百九十万三千円です。このうち、国の補助金が六百五十六万円、県も同じく六百五十六万円、合計一千三百十二万円です。それから、昭和四十二年四月から十月までの各保険別の支出では、医療扶助二十六万八千百九十四円、国保百四十五万四千六百十八円、厚生医療百九万四千二百三十二円、自己負担分百十三万五千四百七十七円、日雇健保等その他の保険が二十六万八千二百八十六円です。なお、水俣病患者の場合、この自己負担分については、個人負担はさせておらず、国、県、市が三分の一づつ負担しております。以上お答えします。

◎病院長（大橋登君）　水俣病患者の入院の状態について、ご質問がありました。いろんな都合で重症でも家庭で治療している人もおりますし、また軽症でも入院している人がおりますので、あわせてお話します。患者数は百十一名で死亡者は四十二名。生存者は六十九名で、死亡率は非常に高い。胎児性水俣病患者は二十二名で、うち二名が死亡しております。

湯之児のリハビリテーションセンターには四十一名が収容されました。一年あるいは一年半で退院するなどさまざまですが、現在は十六名です。うち四名は大人です。十二名のうち九名が胎児性水俣病です。

水俣病が起こった当時は、症状が回復するという望みに対しては非常に悲観的で、一ぺん水俣病にやられると、一生治らないんじゃないかというふうに考えられていました。発病後十年たった今日、各個人の症状をよく検査しますと、個人によって差異はありますが、全般的にいって症状が発病当時とくらべて明らかに軽快しております。水俣病のおもな症状は、皆さんご承知と思いますけれども、言語障害、物が自由に言えない。歩行障害、歩けない。運動失調、ふらつくとか、物がよくつかめない。前方だけが見える視野狭窄。あるいは知覚障害。聴力障害。それから精神障害、精神障害のうちで、特に胎児性水俣病の全部が精神障害で、知能障害が顕著であります。

そういう症状を持っておられるわけでございますが、この症状を発病当時と現在とで比べてみますと、その症状の程度が軽くなっているということは事実でございます。水俣病は脳中枢をやられるわけでございますけれども、有機水銀によって破壊された脳の細胞が回復するというんじゃなくして、ある程度軽くやられた細胞とか、あるいは一時的に機能が低下したものが、その機能が回復したと、あるいは代償機能が回復したというふうに解釈すべきものだろうと思いますけれども、これについてはいろんなことが学問的に取り上げられておるようでございます。もちろん、この十年間に、本人がいろいろと動き回る、あるいは自分でリハビリテーションをやるなど、いわゆる自然治癒ということももちろん考えられますけれども、医学的治療、と同時にリハビリもかなり効果があったと思っております。

社会復帰の状態ですが、私の調査では四十二名のうち、十九名が農業とか漁業をやっている。就職した人もいます。これは、水俣病が起こった当時はとうてい考えもつかなかった、非常にいい成績であります。しかし、まだ二十三名は全く単独行動ができない。言葉や、行動が不自由で家事以外の仕事はできず、ぶらぶらしているのが実情です。

また子供の就学状況では、二十七名のうち小、中学校に十二名が通学。言語、歩行障害のために学校に行けないものが十五名おります。十五名のうち、四名が胎児性水俣病であります。

日吉先生が申されたように、口の中に食物を流し込んでやって、それを飲み込んでおるだけで、全く意識がない。年齢は十七、八歳で十年間も植物のごとく生きておる、非常に哀れな子供もおります。胎児性水俣病患者も悲惨なケースもありますが、根気強いリハビリで、寝たきりで動けなかったものがすわれるようになる、座ったものが何とかして、立てるようになるなど、補装具をつけたり、松葉づえで歩けるようになる、というふうに少しづつ効果が上がってきつつあります。治癒に対する希望という点では、なかなかむずかしくて、非常に気の毒な状態です。以上お答いたします。

◎議長（広田愿君）　答弁はございませんか。

◎日吉フミコ君　答弁が一つもれております。

◎市長（橋本彦七君）　水俣病の原因究明の件ですが、当初から根気強く要請をしてまいっております。公費負担という問題もあり、厚生省並びに大蔵省と折衝する機会があって、早く究明してくれ、ということは、執拗に要請しております。われわれの手には負えぬような状態ではないかと思うわけです。

新潟の水俣病に関連して、国会で原因究明の追及があったようですが、これはわれわれの手ではどうにもなりませんので、国会で一日もはやく究明していただくように、お知り合いの国会議員などに強く要請していただきたいと思います。

◎日吉フミコ君　なお、水俣病に対する市の単独の経費が衛生費として、六千三百九十万円ばかり、そのうち国や県の補助が千三百万円ばかりのようでございますので、五千万円くらいが水俣市の単独経費になる、と思います。市の財政を圧迫する原因になっているんではないかと考えますが、そのことについて、いかにお考えでしょうか。原因追及とあわせて国なり、公害を及ぼした会社に、そういうものを要求する措置はできないものだろうか、ということをお聞きしたいと思います。

◎市長（橋本彦七君）　日吉議員のご質問にお答えいたします。水俣病の経費につきましてはご指摘のように、そういうものはないにこしたことはないわけですね。原因の究明はもちろん、やらにゃいかぬわけですが、治療という面の方を一生懸命やるべきだということで、やっておるわけです。

湯之児のリハビリに約三億円の経費を投じたのもそういうわけです。全部ではございませんが、特別交付税で何がしかの還元をしてまいっております。さきほど国あるいは会社の補償に言及されましたが、これは、原因が明らかになったとか、それから後の問題じゃなかろうかと思います。いまだ、国が結論を出しておりませんので困っておるわけです。国がはっきり結論をだしますれば、そういう問題も解決していくんじゃないか。原因の究明、その結論を国が出すということが先決の要件ではなかろうかと、かように思っているわけでございます。

十二月十五日　　午後四時五十八分　散会

エピソード2　園田直厚生大臣に直訴

直訴を松本勉さんに相談するとすぐ賛成してくれた。患者家庭互助会の会長は中津美芳さん、山本亦由さんは副会長だったが、病気で入院中だった。

中津さんに園田直厚生大臣に陳情する患者を一〇人ばかり集めてくれるよう話をしたら大変喜んでくださった。当日は新日窒労組の宣伝カーを借りる約束ができる。陳情書を作ったり、横断幕やタスキをつくったり、にわかに忙しくなる。

昭和四三年一月一八日の当日、山本さんが病院から抜け出して、水俣駅前で見送ってくれた。患者さんの名前は中津さんと尾上時義さんしか知らなかったが、患者家族八名と運転手はチッソの労働者、それに松本さんと日吉の一一名であった。

松橋療護園入口前の道路には、お巡りさんや県庁のお偉いさん、それに初のお国入りを果たした大臣の後援会が、晃山会の旗を押し立てて二〇〇人位の人が待機していた。私達は宣伝カーを遠くの空き地において、タスキをポケットにかくし、晃山会の会員ふうをよそおって近づいた。

ちょうど折よく、療護園の門を大臣がでてきた。

にわか仕立てのテーブルを置き、晃山会の人達のあいさつがはじまる予定であったらしい。私はさっとタスキをかけて園田厚生大臣の前に立った。打ち合わせも何もしなかったが、患者達もタスキをかけて大臣の回りに詰めかけ、あっというまに人垣をつくってしまった。

私は厚生大臣に直訴した。「私たちは水俣病患者とその支援者のものです。水俣病の原因がまだ公式には認められてはいないので、患者たちは世間から差別の目で見られ、その上生活が大変苦しく困っています。生活保護を受けている患者家族がかなりありますが、見舞金を差し引かれるので生活保護世帯よりも苦しい。早く国の見解を明らかにしてください」

私の声が涙声だったので、大臣の目にも涙が光った。

「水俣病が発生して一四年にもなるが、患者と市民の方が一体となってこのような陳情にこられたのは初めてだ。水俣病の原因についてはすでにはっきりしている。しかし、新潟水俣病のことがあるから多分、同時に発表せざるを得ないだろう。そうすれば五月ごろになると思う。必ず公式発表するのでしばらく待ってほしい。また、その他のことも十分研究して皆さんの意向にそうようにしたい」

大臣は私の手を取り、固く握り締めた。大臣から手を握りしめられるとは、私は生まれてはじめてのことだった。昨日、県庁で会って陳情するより何倍の効果があっただろう。テレビ、新聞各社、晃山会の旗の前で、公害認定を約束させてしまったのだから。前日、私の頼みを断った伊藤蓮雄県衛生部長も私達の素早さにポカンとしている。大切な儀式の前に飛び入りで、これだけのことをやってのけたのは痛快であり、周りの警備が厳しい中での早業に我ながら、してやったりと快哉を叫びたい心境であった。

（編　者）

第三章　二十二年間、水銀が海に流された

昭和四十三年六月十九日　午前十時二十分　開議
午後十一時三十分　閉議
議事日程第三号　日程第二　一般質問

水俣病の原因を政府に認定させ第三第四の水俣病の発生を防止し国民の命を公害から守ることについて

◎**議長（広田愿君）**　これより日程第二、市政一般についての質問となっております。順次質問を許します。はじめに元山弘君に許します。

（元山弘君　登壇）

◎**元山弘君**　人命を危うくし、すべての生物の生存を脅かしている公害問題は今日もはや特定地域の住民だけの問題ではなく、全国民にとってますます重大な問題となってきています。被害地域の多くの人々を先頭に、公害反対の闘争が全国で続けられております。この中で水俣病の原因究明の重要性が再び大きな問題となり、熊日新聞も次のように書いております。

「水俣病の苦しみは終わっていない。水俣市に発生した有機水銀中毒、水俣病は、新潟県阿賀野川流域でも発生、いま原因究明が大詰めにきている。富山県では鉱業公害イタイイタイ病、さらに大牟田市でも大牟田川の汚染で水銀の恐怖が広がっている。戦後の日本はその全機能、全力を経済開発のために捧げた。経済開発は戦後の日本の『にしきのみ旗』だが、しかし人間がいけにえにされてはいけない。水俣病はこの『にしきのみ旗』で人間が犠牲にされたもっとも悲惨な工場公害だと言える。『寝た子を起こす』と言われるかも知れない。しかし、工場公害が全国的に注目されているとき、私たちはあえてもう一度水俣病を見直し、人間性回復の叫びをあげたい。第三、第四の水俣病を起こさないために」と。

そして「水俣病は叫ぶ」という表題で、四月二十三日から、二十三回にわたって報道を行い、県内はもちろん、全国に大きな反響を呼び起こしました。

また熊本短期大学の内田守教授は、水俣病の原因を国があいまいにしていることは、人権無視だとして、県の人権擁護委連合会に問題を提起し、連合会では先日の会議で人権問題として、水俣病を調査することを決定しているようであります。

市内でも水俣病患者互助会の人々や、このことに心を寄せている市民の方々が、日吉さんを中心に市民対策会議に結集し、全国の人々と力を合わせ政府に対し原因究明と患者家族の救済強化、陳情などの運動を行っておられます。全国的な公害反対闘争の高まりを政府も無視できなくなり、富山のイタイイタイ病の原因を国によって認定するにいたっております。

水俣病の原因も、新潟、水俣とともに出すと園田厚生大臣をして言わしめるところまできています。しかし、水俣病の原因については、結論は出ておらず私たちは追及の手をゆるめることはできません。熊大が明らかにした水俣病の原因を政府に認定させることは、今日とりわけ重要な意義をもっていると私は考えるものであります。元チッソ付属病院の院長、細川一さんが新聞で、この救済のためには国の高い政治性をもつ救済措置が優先されるべきであると訴えられており、その通りだと思います。

しかし、水俣病の原因は熊大が科学的に明らかにしたにもかかわらず、国が結論を出さないために、患者とその家族の切実な救いの訴えが遮断されているのが現実です。

ある新聞に、中津互助会長は次のように、怒りをこめて主張されております。「何が私たちをこんなひどい目に合わせたか。その原因を政府が認めないばかりに、私たちは権利を主張できない。かわいそうな私たちにお恵みくださいという形でしか話を進めることができなかった。つらい十年でした」と言っておられます。

水俣病が発生した時にその原因を政府に認定させるところまで、徹底的に私たちがやっていたならば、おそらく新潟水俣病の発生は防止されていたであろうと、多くの人々が反省をもらしているところであります。そのためには市長が一切の障害にひるむことなく、この運動の先頭に立って水俣病の原因を政府に認定させるまで運動を強化することが大切だと思います。市長の所見をお願いします。

◎**議長**（**広田愿君**）　暫時休憩をいたします。

（十九日午後四時十二分　休憩）

（十九日午後八時四十八分　開議）

◎**市長**（**橋本彦七君**）　水俣病の原因を政府に認定させ、第三、第四水俣病の発生を防止し、国民の命を公害から守れに、大賛成であります。政府が結論を出せ、ということは私もことあるごとに関係当局には要望しているわけです。熊大が出した結論、有機水銀化合物説は、当時も決定的なものでなく、熊大研究班が最後に出した結論は昭和四十一年度であると聞いております。厚生省の橋本公害課長は熊大の研究を高く評価しており、はやく国が結論を出すように一生懸命やっています。阿賀野川のいわゆる、新潟水俣病の結論と一緒に出すと厚生大臣が述べていると、新聞紙上において承知しておるわけです。国がはっきりした結論を出すということは、相当難しい問題もあるんじゃないかと思います。したがって一番いいのは、国会において共産党も、社会党、公明党も強力におやりになるのが、一番早いんじゃないかと思うわけです。

◎元山弘君　市長も大賛成と聞き私も力強いわけですが、市長の新聞談話に寝た子を起こすんじゃないか、という意味の発言があったと、報道されています。事実だとすれば、いまの市長答弁と矛盾するのでは、という危惧の念を持つわけです。市長の本当の気持ちをお聞かせください。

◎市長（橋本彦七君）　うわさは、いろいろ流れるわけでありまして、そういう発言をしたかどうか私は知りません。水俣病の原因を究明し、その結論を出せという私の意見は変わっておりません。ただ、魚屋さんとか、観光関係の人が、魚の売れ行きが悪くなるとか、あるいは観光に支障があるとか言われておることがあるわけで、そういうことがこんがらがってそういうことになったんではないでしょうか。

◎元山弘君　市長が自分もいままでやってきた、それはそのとおりだと思います。今後は国会あたりでやるのが一番早道だと言うことも、一つの見解かも知れません。私もこの問題でごく最近、日吉さん、患者の人たちと一緒に政府陳情したわけですが、政治的な動きというものが非常に強くあっているようです。だから原因認定をさせることは並たいていのことじゃないんだと思います。

とりわけ通産省の動きは私たちが想像する以上に、企業擁護の立場を堅持しておるという点から判断して国会だけの闘いでは不十分だと思います。園田厚生大臣は結論を新潟の阿賀野川と一緒に出すとアドバルーン的なことを言われておりますが言葉だけに頼ることはできないんじゃなかろうか、と思います。私たちは市長も先頭になってもらって、あるときは議員全員を引き連れて行くという姿勢がないとできないんじゃなかろうか、と思います。
◎市長（橋本彦七君）　先ほど国会を通じてが一番大きな決めてになると、申し上げましたが、ほかの筋もあっていいわけです。全国市長会の公害対策委員会では、私も原因の究明を言うわけです。私の発言が非常に響いていると思います。園田厚生大臣のはったりかどうか知りませんがですね、橋本公害課長の話では厚生大臣が取っ組んでやっているという話でした。それで、公害課長は、ほかの官庁に行くとお前は赤だとか、言われるぐらいやっていると言っていました。ですから、いろいろなルートがあるということを考えておるんであります。
◎元山弘君　たしかに地元の市長ですから実績はある、これは否定しません。ここで、手をゆるめるわけにはいかない、と思います。参議院議員選挙でも終わったら、またうやむやにされるんじゃないかと思います。阿賀野川の結論は二月ごろには出すと国会答弁で約束しておりながら、いまだに引き伸ばしておるわけです。もう一回市長の真意をお尋ねいたします。
◎市長（橋本彦七君）　結論を早く出すということは国全体の世論になっており、いつまでも出さぬわけにはいかないんじゃないか。その物質の構造式から何から、これで間違いないということにならないないと、国の結論とは言えないわけでしょうから。この結論を出すのは経済企画庁の水資源調査課だと思います。私は化学屋の端くれで、地元の市長ですから非常に高く買われておりますので、そういう地道な方法でいきたいと思っております。熊大の研究が最後に固まったのは昭和四十一年ですから政府の結論が遅れているといってもいろいろ難しい点もあったんじゃないかと、想像されます。

◎議長（広田愿君）　暫時休憩します。

（十九日　午後九時四十三分　休憩）

（十九日　午後九時五十八分　開議）

◎議長（広田愿君）　休憩前に引き続きまして開きます。

◎元山弘君　さらに次の問題で、お尋ねします。六月十四日の新聞で、熊本県人権擁護委連合会で内田教授がチッソから出されている見舞金は不当に安く人権を無視したものだという問題が提起されており、今後大きく論議されていこうとしておるわけです。市長の見解をお聞かせ願いたい。

◎市長（橋本彦七君）　県人権擁護委員の総会ですね。そういう決定がなされ、近く調査されることは大変結構だと思います。どういう結論がでるかわかりませんが、結論がでれば対策を講じていきたいと思っています。

◎元山弘君　市民運動への協力と援助を惜しむのか、惜しまないのかという点を私は聞いておるわけですけれども、消極的な態度でなくて、今後積極的に協力と援助をされるよう要望して、この問題についての私の質問を終わりたいと思います。

◎市長（橋本彦七君）　先ほど申し上げましたように、わがペースを進めていたほうが一番力強い、効果がある、これは私の見解でございます。

◎日吉フミコ君　橋本市長にお尋ねいたします。橋本市長は原因究明については、執拗に要請しておりますと、おっしやいました。それで園田厚生大臣が幸いに本県出身の大臣でございますので、そのことを園田厚生大臣に陳情していただいたかどうか、直接お尋ねいたします。

◎市長（橋本彦七君）　このことにつきましては、非常によく理解して知っております、大将は。その点は安心でございます。厚生大臣はそういう政府の要路にある人で、この人はこの人として大いにやると、こういう気持ちでおります。もちろん機会があれば、そのときには必ず申し上げておりまます。

◎日吉フミコ君　執拗に要請しておって厚生省などにはちょいちょい行っているというようなことをおっしゃいましたけれども、いまさっきから聞いておりますと、市長会のルートを通じて話しているということで、おいでにならなかったということがわかったわけでございます。園田厚生大臣が非常によく事情を知っているということは、市民運動の、私たちの働きかけの賜物じゃないかと私は思っております。それで橋本公害課長が、この前おいでになったのも園田厚生大臣に私がお会いしましたときに、必ず結論を早く出すと、だから、水俣の人によろしく言ってくれと。自分が厚生大臣になったからには、いままで、水俣の問題は科学技術―経済企画庁が取り上げておったけれども、もういっぺん自分のもとに引き戻して、結論を阿賀野川と一緒に出すというような話がございますので、その結果橋本公害課長がおいでになったと私は思っております。そういう働きかけを、どうしてなさらないのかと一つ例を上げて言いますと、今度衛生課長が厚生省に陳情においでになっておりますね。その中に原因究明の陳情は入っているのかどうか、それをお尋ねいたします。

◎市長（橋本彦七君）　本省でも橋本公害課長には、直接会ってしばしばそういう話はいたしております。こちらにこられたのも、現地を見ておかにゃいかぬ、特にリハビリテーションとか、会社のサイクレーターとかいうものを視察しようということでこられたわけです。それで非常に感心して帰ったわけです。ですから逐一大臣には報告があるものと思います。ですから何か私とあなたを比較すると、「私が熱心であなたは不熱心だ」というふうに、ちょっと（日吉フミコ君「そうです」という）じょうだんじゃありません。

◎日吉フミコ君　厚生大臣にはなかなかお会いできませんとおっしゃいましたが、市長でございますから、市長という名にかけてでもお会いになることは私はできると思います。

　私のような一個人でさえお会いしようと思って人頼みしておったってお会いできませんでしたけれども、自分でお会いしようと思って計画をすると、ちゃんと会えるわけですよ。例えばですよ。厚生大臣が一番はじめに熊本にお国入りをなさいましたときに、私は衛生課長にこんなに申し入れをしました。ちょうど、いい機会でございますので水俣病の原因について、ぜひ究明していただきたい、患者を何とか救済していただきたい、そういう陳情をいたしたいので衛生課長何とか厚生大臣に会わせていただくような方法をとっていただきたい、そして、なおかつ、また衛生課長もともどもそのことを陳情していただけないだろうかと、私が申しましたところが、ちょこちょこやって、市長室か助役室か尋ねにおいでになりました。そして、その結果まあむずかしいような話ですというようなことでしたから、私は自分で、ちゃんと、どこどこに行けば園田大臣と会えるという計画のもとに松橋療護園に行ったわけでございます。ちゃんとお会いできました。だからほんとうに会って、水俣病の原因をはっきりさせなくちゃいかぬと、どうしてもさせなくちゃいかぬという気持ちがあるならばお会いできると思います。そして、また市長も衛生課長も公費を使ってですね、ちゃんとおいでになっていますから、なるべく公費の節約という意味でも、自分が、自分のちょっとした合間を見いだしてでも、ほんとうにお会いしようと思う熱意があるならば、私はお会いして陳情していただきたいものだと、考えております。市長の考えがそうじゃないからしようがございませんから、これにはもう返事は要りませんけれども、もう一つお聞きいたします。

市長は熊日の新聞に、こういうふうに言っておられます。もうみんな忘れとるんですよ、患者の人たちも会社側と話し合って、納得ずくで見舞金をもらっている、会社も患者にいろいろ救援している。何もかもうまくいっているんですよ、これ以上騒ぎ立てて古傷に触れないでほしいですなあと、いっておられますね。何もかもうまくいっているというのはどういうことなんですか、それが一つ。

古傷にさわるなということはどうしてか、原因をほんとうに追及してそしてこれは熊本県じゅうの世論を巻き起こすためにも、また全国の公害をなくすために、世論を巻き起こすためにも、ぜひともあなたたちが大いに水俣の実情を書いて、皆さんに知らせてほしいという要望をされるのが、私は市長としてのあたりまえのことじゃないだろうかと思います。（拍手）そのこと　について――。

◎**議長（広田愿君）**　傍聴席は静粛に願います。〔傍聴者多数（編者注）〕

◎日吉フミコ君　何もかもうまくいっているというのはどういうことか、古傷にさわるなというのは、なぜそういうことをおっしゃるのか、その二つについて答弁願います。

◎市長（橋本彦七君）　前段でですね、何か厚生大臣に会うのが非常にむずかしいと、会うと思えば会えるじゃないかと、大臣でもなかなか忙しいんでですね、私どもが東京に出張いたしまして厚生省に行ってですね、大臣と会うと、非常に向こうの都合がいいときには会えますよ。私だから会えないというんじゃないんですよ。会えます。それをいろいろ議会があったり、外出しておられたりですね、そういう機会が得られないということもあるわけですよ。だから、何も私が大臣に会うのをぶしょうしていると、いうことはないわけです。それで大臣がよく知ってくれており、ここの漁業組合などと、松田［市次郎（編者注）］組合長も非常にじっこんだし、水俣病については非常によくご存じだ、と承っておるわけですよ。

それから熊日の記事でございますね、新聞でもずいぶん、ニュアンスの違って、取材する人の主観があって、いろいろ違うわけですよ。ニュアンスによって、非常に響き方が異なるということは理解できると思うんです。非常によくやったというのは、厚生省がそう言っているわけですよ。会社も非常によくやったとほめております。うそだと思ったらひとつ聞いていただきたい。ですから、会社もおそらくこれ以上は出さぬということを言うているわけではないわけで、原因がわからぬときに、あの契約は会社に原因があったとしても新たな請求はしないことで契約しておるわけです。今でもベースアップをしており、会社の景気がよくなれば、まだやるということを言っておるわけです。ですからこういうものは、たとえば、災害とか、いろいろな補償ということが、いまたとえば、嫁さんを離縁すると、いまではそういう生活保障費が、たとえば何十万といいますね、あるいは何百万といいますね、しかしそれがいまから十年前にきまったことで、だからそれをいまの金額と比較して、非常に少ないということは言われるでしょう。その時点で何もそういうことがはっきりしていないときに、すでに、そういうことをやったということは、そういう公害の対策について、よくやってくれたということを非常に感謝しておるわけです。そういうことを聞いておるわけです。だからむしろ結論をだしたときに表彰するとまで言っております。市を。ほんとうですよ、そう言ってますよ、そういう感情が流れたわけですね。

たとえば自動車の傷害にしましてもね、いま三百万円から五百万円とか、それが十何年前には、おそらくそれはもっと少ないものだった、と思います。それをいまの値段と比較しまして、前のやつが少なかったと、こういうのは、ちょっと、そこに時間的なずれがありますので、非常にそれは少ないということは言われるか知らぬけれども、そういうときに、そういう契約をしてやってきたということは、実にりっぱだと、そういうふうに言うているわけです。だから会社が、一人十四万円とか何とか言っていますが、会社もベースアップして、会社の都合もよくなったら、もっとよけい出しますということを言うているわけです。それで国としては、橋本公害課長は、非常によくやっていただいたと。だから県や市や会社に対してはよくやってもらったと、ただ、国のほうが、そういう措置が足りなかったと。だからそういう結論が出れば、国がいままで抜かっていたところは、全部いたしますと、こういうことを言っているわけです。それで、いまの傷にさわってはいかぬという意味でなくて、これは先ほども言ったように、これを心配するわけです。

互助会の人もまたかというようなことをいうし、もう新潟でまた水俣病だと言われて、そのたびごとに、そういうことを言われれば、つらいとか、あるいは観光のほうにも影響するんだということを言っていますので、そういう意味のことを言うたもんと思います。事実そういうことを言うておるわけです。ですからこの処置については、国もそう言っていますから、私が早く国に結論を出せということは、国にもっとやってもらおうと、言うところなしというぐらいにまで言うておるわけです。それは山田課長も同席して、そう言うてほめられておるわけですから、だからといって、もうやらぬというわけではありません。

◎日吉フミコ君　胎児性水俣病の在宅患者を、市長は見舞われたことがございますか。

◎市長（橋本彦七君）　それは特に見舞いに行ったというんじゃなくて……。

◎日吉フミコ君　簡単に、行ったか行かないかということを。

◎市長（橋本彦七君）　それは行ったことはありますよ。病院にもいます。在宅患者――（日吉フミコ君「胎児性の在宅患者」という）――そうそう、（日吉フミコ君「おいでになりましたか……」という）――特にそうじゃなくて、漁協の関係もありまして茂道とか湯堂に行きます時にはですね、これは……行ったことはあります。

◎議長（広田愿君）　討論にわたらぬようにお願いします。

◎日吉フミコ君　主観やニュアンスによって違うとおっしゃいますけどですね、この前新潟から一月二十二日にまいりましたね、市長室に。そのときに、おまえたちのように、線香花火のようにやったって、つまらぬのだというようなことを市長はおっしゃいましたですね。あれを聞いて新潟の民水対のひとたちは水俣の橋本市長というのは革新ということを聞いておったが、まるで違うですねと。市民運動や自分たちがやっている運動に対して、おまえたちは線香花火のようにやってつまらぬのだと、そういう言い方があるでしょうかという話をされました。

それで私は、そのときに、だんだんあんた変わっていきよっとで（笑声）大体市民の味方じゃなかごつ、いまごろ、特定の味方に変わっていきよっとですものね、とそのとき言うたから、なるほどと、まあ言われたわけです。それについてはもう長くなりますから言いませんけれども、もう一つ聞きます。

これは水俣病の原因については、市長が一番よく知っていられるんじゃないかと、私は思う。どうしてかと言いましたらそれはよく知りませんよ。そこを聞きます。アセトアルデヒドの工程は、市長が発明されたとか。それから工場長のときに開発されたとかいうことを聞きましたが、それが本当だとすればですね、そのときに水銀をどういうふうに使ったということは、一番市長がご存じのはずですね。水俣病の原因を本当に早く国に認めさせようとするならば、あなたがまた本当に水俣病のことを考えてですね、こうしなくちゃならないと。これをはっきりさせていなかったばかりに新潟の水俣病を引き起こして申し訳ないという良心があるならば、水俣病の原因は自分が工場長の時こうだから、原因はこうですよ、早く熊大の結論を認めて下さいとか、そういうような働きかけをするのが、市長の当然の責任じゃないだろうか。

あなたが発明した工程で公害が起きている。またあなたの二期目の市長のとき、二十九年に一名、三十年に十何名。三十一年には五十何名も患者が発生。三十一年では死者が二十名にも及びました。

そういうときに、本当に自分は、責任は重大なことであったと思われませんでしたか。つまりですね、そういう公害のもとをつくって、今度は市長のときに患者がでた。これに対しては自分が責任を負わなければ、だれが責任を負うかというような強い責任のもとで、あなたがそのときにやるべきことをなされていたならば、新潟のような問題は起こらなかったんじゃないかと思います。

議事録を読んでみますと、山川議員の質問に対して、自分のときに患者がでて、次の市長のときに大きな社会問題となりました、なんて言っておられます。大きな社会問題となした原因はどこにあるのかということをお考えにならないで、中村［止（編者注）］市長のときに、あたかも社会的な問題が起こったような言い方をしておられます。そこに私は原因をなぜ早くはっきりさせなかったかという疑問が起こってくるわけでございます。それについてどう思われますか。

◎市長（橋本彦七君） 前のやつにさかのぼりますがね、こういう運動は粘り強くやらにゃいかぬという意味で、線香花火的なものではいかぬということは、言ったかもしれません。そのときに、この事情を知られずに、何もかもやっていないような発言があったんで、私もむっとしたことがあります。で、そうなのかと言って課長がいたから課長をよんで、そんなにひどいのかということを言ったことがあります。だからそれはニュアンスですよ。線香花火的にやってはいかぬと、粘り強くやらにゃいけませんよというようなことは言うたかも知れません、よく覚えておりません。

このアセトアルデヒドをつくる工程は、私の発明です。発明ですよ、発明です。ですから、これを工業化して、やったのは昭和六年ですね。第一期の工事をつくりました。それから水俣病が起こったのは、昭和二十八年ですね。私の一期目の市長在職中ですよ。ですから、この原因の究明につきましては、非常な関心をもっておるわけです。これも初めからいまの有機水銀だということではなかったわけですね。

初めはマンガン説だとか、いろんな説が出ましたが私は私なりに、これはマンガンではないだろうと。マンガンというものは、こういうものだと、自分はマンガンというものを取り扱ったから、そういうときにマンガンの中毒とか、そういうものについて非常に研究したのだから、ある一例としては乾電池を非常にたくさん井戸に捨てた、そこでマンガンによる、まあマンガンは水に溶けましてね、そういうことがあったということは聞いております。

しかしマンガンの中毒というのは、マンガンを粉砕して、それを注入するということで起こるわけで、このマンガンの二酸化マンガンですね、これがまた発明と関係しているわけですね。だが私の方法は水銀を使う、だから化学的になりますんで、ちょっとあれですが、硫酸第二鉄――硫酸第二水銀ですね。これはアルデヒドの母液というものは希硫酸ですね。十五パーセントぐらいですね。温度が十六度と、いや五十度か六十度。そこに酸化水銀の形で入れます。そうすると、硫酸がありますから、硫酸第二水銀になるんですね。これは第一と第二水銀とあるわけです。だから原子〔価〈編者注〉〕が高いとか、化学的なあれがありますが、それはこの第二から第一になるのが還元と称すんですね、第一から、今度は第二になっていくのは酸化といっています。だからそれが還元せられて第一になると。そこでその硫酸第二水銀に、アセチレンがつくわけです。そうすると、ある複雑な化合物ができるんだと、その構造は忘れましたが、一九二七年のアメリカのケミカル社が〈日吉フミコ君「そんな詳しいことは聞いておりません」という〉そこを言わなければわからぬわけですよ、そこから言わなければ、そこですね、これには水銀というものは、非常に高価であると、だから水銀の使用量が多いと、この仕事が、コストが高くなるわけですね。それとその当時そういう硫酸に耐える、十四、五パーセント、これは一番やっかいな濃度でございますが、それが六十度とかいうふうになりますと、耐えるものはほとんどないんですね。それで瀬戸物とか、あるいは珪素と鉄と合金したスピロンというものをつくると。それじゃ一つの容量が、一トンぐらいなものでございますから、工業的なものにはなり得ない。何とかして工業的にやるためには、この硫酸に耐える、金属を見つけにゃいかぬと、そこで硫酸に耐えて一番工業的に大きな容器になるものは何といっても鉛あるいは鉛の合金だと、そこで、これに鉛あるいは鉛の合金、アンチモニーというものが使えたならば、大きなユニットになると。ところで水銀が還元して金属水銀になりますから、どういうことになるかというと、鉛と水銀とがですね、アマルガムをつくるわけですね。アマルガメイションといいますが、そうするとその鉛は溶かしてしまうわけです、そうすると穴があく、というようことになるわけです。

そこで、きわめてわずかな水銀を使って、その金属水銀にならないような、さっき還元とか酸化と言いましたが、還元をしてそうなっていくんだから、ここで酸化するという力を与えてやれば、いつでも活性があるんじゃないかと。そうして、そうでないやつを見ますと、非常に水銀の中間の化合物みたいなものができまして、いわゆる水銀のマッドですね。そうなりますと、アセトアルデヒド、アセチレンの触媒反応を悪くする。ですから、そういうものをできないように、酸化力を与えていく。そういうアイデアのもとに、連続的に二酸化マンガンをもって徐々に酸化する。一ぺんにたくさん入れますとアセトアルデヒドを分解しまして、炭酸ガスとか一酸化炭素になりますから、わずかに入れて、そうして連続して使う、それに成功したわけです。だから、鉛は使ってはいけない、鉛の合金は使ってはいけないとせられたものに鉛が使えるよう……それで大きな設備ができる、ですからそれは絶えず酸化力を与えていますから、したがって、中間のそういうメチル水銀とか、エチル水銀というものは、まあいま考えてみればできないような方法でやっていたわけですね。その証拠には昭和六年から二十八年まで二十二年間、そういう金属水銀、無機水銀といっていますが、それは海のほうに出ておったでありましょう。しかし、それは比重が重いもんですから、海底に沈むばかりでなく、それが直接水俣病の原因とは私は考えられなかったわけです。

で、初めはいろいろな学説が出ましたが、その無機水銀が体内において、生化学反応をもってああいう猛毒のあれになったんじゃないかという説があったですけれども、私はそれはおかしいと、いうふうに思っておりました。そこで有機水銀というような説が出たから、その農薬は有機水銀だと、農薬で、いや無機水銀ではそうなり得ないと。水銀のあれで毒だと、言ったら農薬じゃないかとか、農薬をネコに投薬してみろといったら、ネコがやり出したわけですね。水俣病の、だから有機水銀だと、そういうことから、熊大の研究班が有機水銀のほうに、いったわけです。それなら話がわかるわけです。

そこで、私のやっているときには、それができなかったから、二十二年間そういう現象が起こってこなかったですね。突如として二十八年ごろ起こった。それで入鹿山さんに会ったときに「私のパンフレットを送りましたが、市長ごらんになりましたか」と言うたから、まだ私の手元には着いておりませんと、ですから、先生のほうに恐縮でございますが、……《（ママ）》するにしたと、こんな有機水銀がね、あの母液の中にできているというのはおかしいと、私のほうはこういう方法だったと、酸化に二酸化マンガンを使っていると、だから海に出たのはお説の初めの説のように、無機水銀だと、それが、魚介の体内において、人間の神経を麻痺したり、あるいは致死にいたらすような猛毒になるということはおかしいと。だから二十二年間起こらなかったのは、どういうことでしょうかと。ただ私がやめた後にですね、この酸化の方法を変えたということは聞いております。それは二酸化マンガンでなくてですよ、硫酸第二鉄を使うと、それを助触媒として、（日吉フミコ君「じゃ、わかりました」という）硝酸で酸化するというような方法を採用したようであると、そのときに入鹿山先生が、ひざをたたいてわかりましたと。ですから、橋本さん、あなたは二酸化マンガンという強力な酸化物を使った。後で硝酸という弱いその酸化力のものでやったから、その中間のものができたんでしょうと、そこで私も納得したわけですね。

それがずっと後のことですからね。そういう過程のもんですから、私は私の方法ではできないと、そういうふうに思っています。そこを私がやめた後に、それがちょうどそのころじゃなかろうかと思うんですよね。方法を変えたと、そうしたならばそのときに母液の中に酸化力が弱かったため、そういうものは存在するということは、私も思考できるわけです。しかも、なんか海が赤くなったということがあるから、その鉄が入っていますから、そういうものが多量に出たときに、魚介が口経的に（日吉フミコ君「もうわかりました、知っておりますので、先どうなったかということは」という）だから私がその犯人であるかのごとく言われますから詳しく事の次第を言わないとわかりませんので、申し上げました。

◎日吉フミコ君　もう一つ、これで終わります。

橋本市政後援会の人が、こういうことをまあ言いふらしているということを聞いております。うわさではございますけれども、日吉や元山の言うこつば聞いとったって、橋本市長に何か水俣病のことをしてもらうと思っても言うことを聞かっさんけん、日吉や元山の運動なんかすんなと。そういうことを言われたとかいうこと。

それから、もう一つ、政府に私たちが行きましたときに、通産省、経済企画庁、厚生省、科学技術庁の長官、係官といろいろ話をしました中で、通産省の係官が、真実というものは、自分たちが出そうとしても、上のほうで曲げられて発表する可能性が多分にあるので、真実を追求するためには裁判以外にはありませんよ、というようなことをおっしゃいました。［昭和四十三年三月二十八日、勝間田清一（社会党）委員長室での政府説明（編者注）］それで、私が［市民会議での（編者注）］報告の中で、そのようなことを言いました。何も私は水俣病患者の人たちに裁判しなさいと言うたわけじゃなくて、通産省の役人はそう言われました。

それから富山のイタイイタイ病や新潟の阿賀野川の新潟水俣病の人たちと、いろいろ話している中で、ほんとうに公害をなくするためには、やはり裁判以外にはないんだというような話を聞きました。富山のイタイイタイ病のただ一人の研究者でありました萩野［昇（編者注）］先生は、水俣病というのは、あの約束の中に、原因がはっきりしても新たに要求はしないなどという一項を加えたというのは、まことにおかしい。ああいう問題こそ裁判をして正さなくてはならない、被害を受けたことに対する正当な要求をしなければいけないと言われました、と言いましたら、いままで、ほんとうに何にもものが言えなかった、水俣病ということで卑屈に考えていた人たちが、そうだ、じゃ私も裁判に立ち上がろうというような声がでました。

もし裁判に立ち上がれるならば、総評の弁護団としても公害裁判は強力に応援をするということを言われておりますし、五月十五日の総評の公害地全国集会の中でも、公害地のみんなが立ち上がって、被害を受けた人たちには、正当なその被害に対する代償を取ってやらなくちゃいけない、そういうことのためにも、裁判ということは大事だということを言われたので、詳しいことは言えませんでしたけど、通産省の役人のことだけ言ったわけです。そして、非常に盛り上がってきました。さっき言いました橋本市政後援会のメンバーが裁判どん起こせば、いまもらいよる見舞金はもらわれんとぞ、市長の態度の中に、つねづねそういうものがあって、市長が直接言われなくても、それをくんだ橋本市政後援会の人たちが、そういう圧力をかけるのじゃないかと、私は思ったわけです。もうこれで言いません。

◎市長（橋本彦七君）　お答えします。

橋本市政後援会もたくさんいますから、どういうことを言うたかですね。これはよく知りませんが、そうでない人も、そういうことを言うかもしれませんし、だからといって、みんなこっちから流したと、それが悪いんだというふうな結論づけてもらっては困る。たくさんの市民の中ですから、何も日吉さんや元山さんがやったってできやせぬと、そんな裁判なんかやめろと、そんなばかなことを言うはずがないじゃないですか。

だから私を色めがねで見るから、言うことなすことが、私が悪いように思われるのはたいへん迷惑千万ですよ。水俣病について、心配と努力というものが、私以上であるというふうな、お考えでは思い上がりではないでしょうかね。そうして、それだけ心配していままでやってきたのは水俣の宿命であって、これはもう水俣がかかえて永久に、やっていかにゃいかぬと。国も水俣市だけでできないから大いに援助してくれということを言い続けてきたわけです。何か私が見るというと、ヒユーマニテイもなにも持っていない、冷酷な男のような感じを皆さんに与えるような発言ばかりせられちゃ、迷惑です。まあ言っていただいても市民はね、特殊な人は別として、そうは思いませんので、日吉さんのご損になるだけだと私は思っておりますから、どうぞ、そういうことはあんまり言わぬほうがお得じゃないでしょうかね、ほんとうです。

◎日吉フミコ君　ありがとうございます。

◎議長（広田愿君）　暫時休憩いたします。

十九日　　午後十時五十一分　　休憩

エピソード3　八幡プール排水溝のかくしパイプ

当時の日本の産業は四日市ぜんそく訴訟で知られるように、どこの工場も煙は吐き出しっぱなしに出て、降下ばいじんは市民の生活を脅かしていました。チッソ工場も同じで、やかましく言いますと昼間は薄い煙をだし、夜には黒煙をもうもうと上げていました。ふきんの市民からよく電話があり、議会でも問題にしていました。夜中でもチッソに抗議にいったことが何回もあります。

昭和四一年四月のある日、漁の好きな方らしい人から新日本化学の近くの、チッソ八幡プールから出ているパイプがどうもおかしい。満潮の時は見えず、干潮の時しか見えない。調べて欲しいという電話がありました。

そのころ同じ公害対策委員だった鬼塚栄蔵さんと見にいったのですが、有刺鉄線があって、見張りがいて中にはいれませんでした。私はなんとかして排水パイプのありかを突き止めたいと思いました。雨風の日には見張りはいないかもしれないと思いその日を待つことにしました。

四月二六日朝、その日がやってきました。私は傘をさし、自転車で八幡プールに行ってみました。海辺は風が強く、見張りの人はいないようでした。自転車と傘を置き、張りめぐらされた有刺鉄線の柵をくぐり抜けました。藪に囲まれた小さな道を歩いて行くと雨風はしだいに強くなり、体はびしょびしょにぬれてきました。電話で聞いた新日本化学の排水溝のそばへ歩いて行くと、排水溝の底からわずかに顔を出した三本のパイプがありました。なるほどこれは潮が引いたときでなければ外からは見えない。これだと思いました。

明けの日に私は議会事務局の職員にカメラを持たせ、チッソの本事務所に写真を撮らせるよう申し入れに行きました。私は市議会の公害対策委員ですから、チッソは拒否することはしませんでした。この時の写真は市民会議ができて間もなくの昭和四三年三月二八日、政府に陳情に行ったとき、社会党の勝間田清一委員長の部屋で会った通産省の小林勝利さんが送ってくれということで送りましたが返事はありませんでした。しかし、石田宥全代議士(新潟選出)から、あなたが送った写真は公害認定にものすごく役に立ったという話がありました。八幡プールは水俣川左岸一帯で、チッソが工場から出るカーバイドかすが主体の泥をパイプで送り埋め立てていた場所です。直径三〇センチ大のコンクリートパイプ三本がプールの底から排水溝に向けて埋められていたものでした。パイプの先端は海岸堤防から三〇メートルほど内陸側にあってわずかに顔をのぞかせており、だれも気づかなかったのでしょう。チッソが巧妙に設置したものでした。

昭和四一年六月一八日の公害対策委員会の報告では、水銀は絶対に流していないようなチッソ側の説明でしたが、市の衛生課長の話では百間側の二倍の〇・〇二九ＰＰＭの水銀を検出していたということでした。満潮になれば一〇〇メートル以上も排水溝へ海水が逆流してくるので絶対に見えることはありません。

公害対策委員の中にはチッソの役員かと思われるような、チッソ擁護の議員がおるので私の様に遠慮なく発言する者が必要だ。水俣市民の健康を守るためにと改めて気持ちを引き締めていました。

(編　者)

第四章　世論を巻き起こす運動を

昭和四十三年九月二十四日　午前十時九分　開議　　午後六時四十五分　閉議
日程第二　日程第一

一般質問

◎議長（広田愿君）　これより本日の会議を開きます。質問者も答弁者も簡明に要領よくお願いを申し上げます。それでは初めに吉海松見君に許します。

◎吉海松見君　おはようございます。私は自民党議員団を代表いたしまして、公害問題につきまして、質問いたします。

水俣病は、さる昭和二十八年ごろ発生したといわれ、熊大医学部の研究班は昭和三十一年に原因が水俣湾内の魚介類を多量に摂取することによっておきる、中毒性神経系統の疾患であり、金属類、マンガン説を発表しました。その後昭和三十三年までに原因物質は二転、三転。マンガンに続いてセレン、タリュウム説を打ち出したのであります。結論が出ないまま、さらに有機水銀ではなかろうかという説も発表され、大きな社会問題として取り上げられたのであります。

熊大研究班と企業側の見解が統一できないままに、患者の数は昭和二十八年ごろから、次々に原因不明のままに増加し、昭和二十九年の十二人、昭和三十一年の四十三人、その後も発生を続け、患者の総数におきまして、百十一人、うち死亡者四十二人となったのであります。

四十％近い、高い死亡率。水俣市をはじめとする隣接の地域住民の間にも患者が発生いたしまして、実に悲惨というべき重大な社会問題になったのであります。国内はもちろん全世界に水俣病ありと知られたのであります。本市におきましては、水俣病特別対策委員会が発足し、患者援護、救済、原因早期究明、漁業対策等へのご尽力に対し、敬意を表す次第であります。

原因の究明については、熊大医学部の研究発表も公式に出ておらず、今日に至ったのであります。近年に公害問題を重視し、大きな社会問題として、国会でも論議されるようになり、政府も前向きの姿勢で取り組んでいるようであります。四日市、新潟、大分の問題と、大きく取り上げられようとしておりますとき、水俣病についても、近く政府の統一見解が発表され、認定があるようで日夜報道されております。

去る二十二日園田厚生大臣が現地にこられ、湯之児病院の患者を見舞われました。特に胎児性水俣病患者のあまりの悲惨な状態を見られ、強く胸を打たれたようであります。二十七日の結論を待たず、救済についての緊急措置法を適用され、看護人をふやすなど、現地で異例の即決があったようであります。患者互助会の方々も力強い希望と期待を持たれたようであります。三十四年、当時水俣病のときは、患者互助会に対する、風当たりというものは非常に冷たかったということを、私はそのときの水俣病対策委員の一人として、いまだに忘れることができないのであります。地域社会の発展を阻害するという、そのようなことでは残念でならないのでありまして、企業もまた非を非と認められて、自信を持たれて互助会との円満解決に取り組まれてこそ、相互理解の上に立って、市民はチッソ再建、繁栄に協力を惜しまないと思うのであります。いろいろな団体において、一糸乱れなかった互助会を分裂させることなく、長い間苦労をともにされた団結の中で再交渉をなされるよう当局のあっせんを期待するものであります。真に患者の方、亡くなられた方々の立場に立って、円満解決に協力することこそ、市民に課せられた社会的重大な義務であると思います。

企業は水俣市があっての企業であり、またその企業の理解に立って、この長かった水俣病患者の解決援護というものに、あたたかい手を差し伸べられてこそ、企業のあり方もあるわけでございます。

県議会の質問等もあっておりますが、認定後に、企業側の刑事責任は成立しないとの県警の見解でもありました。互助会の分裂等によって民事訴訟等が起きますといたすならば、民事訴訟は常識から申し上げましても、十数年はかかるであろうと私たちは思います。

できることならば、長く固い団結でいままでこられた互助会の方々と、企業と、そして国、県、市一体となって、円満に解決されることを望むわけでございますが、このことにつきましての市長の見解をお尋ねいたします。

チッソは昨年の八月、再建五カ年計画を発表しました、十四日の新聞では事業縮小があり得ると、江頭社長が言われております。二十一日の新聞では、島田副社長は工場撤退は考えていないが、再建計画は再検討すると言っておられる。

市長は水俣病患者を一生懸命めんどうを見ると言っておられますが、具体的にはどんな構想を持っておられるか。

湯之児分院内に特殊学級を併設するようになっているが、胎児性水俣病以外の子供は希望者があり、父兄からの要望があった場合利用できるのであるか、またこの学級は今後新患者の発生が出ないという想定の中で期限つきで行われるかどうか。

水俣病患者総合援護センターというものを市でつくっていただきまして、各方面から寄せられる援助に対するものを統一して、この援助というものを処理していったならば、いろいろな問題とか、あるいは誤解とかいうものはないものと思われますので、その点についての見解をお尋ねいたします。

◎議長（広田愿君） 答弁を求めます。

◎市長（橋本彦七君） 吉海議員のご質問にお答えします。補償の問題でありますが、これは私から、患者に何をせろと、何はしちゃいかぬというようなことは一切言っておりませんし、これは患者の自主的な考えでおやりになったらいいと、かように思っています。

互助会としては、裁判に訴えるということは避けるというような方針のように私は聞いております。

それから、会社の再建五カ年計画、これは新聞で、連日のように書かれたために、おそらく本社における社長はじめ、市民が会社に対して反感を持っておるんじゃないかと、また市民の協力が得られなければ、再建がうまくいかぬと、そういうことを痛切に考えたんじゃないかと思いますが、またこれは、どこの会社でも、自己資金でいろいろな施設をつくるということはできないんであって、結局は金融機関に世話をかけるわけですが、いままでは、市民が非常に再建に対して、協力するというような機運が非常にわき上がってまいりましたし、何とか再建は、予定どおりやっていただけると、私はそう思っております。

それから患者を一生めんどうを見ると言うのは、胎児性の水俣病に関してで、これはリハビリテーションやる前から、結局はお父さんやお母さんと別れるときもあるし、子供さんのほうが長生きするということになる、身寄りがなくなるんじゃないかと。これはどうしても市でもって一生めんどうを見る必要があると、そういうふうに考えているわけです。家族の同意も得なければなりませんが、場合によっては家族も一緒に生活すると、そういう医療と、訓練と、あるいは教育と、そういうことを考えているわけです。これは前にも厚生省にも言っております。

それから特殊学級ですが、これはいまのところは、病院の中か、多くなれば病院の外部につくらにゃいかぬと、さしあたりは。いま一人、第一小学校に通っているわけですが、これは特殊教育を受けるひとの基準があるわけです。それで考えると二人しかいません。それで学校に行っているのと三名です。そうすると特殊学級をつくるのにひとつの基準がありまして、七名以上でないと、できないわけですから、それで脳性麻痺の子供を、四人を加えて、まあ七人という最低の資格を得て、それによってまずやろうという、こういうわけであります。

これがもっと教室で教育を受けたいということになりますと、そういう段階で拡張を考えていこうと、こう思っておるわけでありまして、これを制限するということは考えておりません。

それから、患者に対する救済のことですが、市が総合センターをつくってはどうかというお話ですが、その声がいま大きくなっていまして、ぜひそういうものをつくってくれぬかということを、私は聞いているわけです。

◎議長（広田愿君）　次に村上実君に許します。

（村上実君登壇）

◎村上実君　社会党議員団を代表し、質問をいたします。

水俣病特別対策委員会を設置することについてであります。近く水俣病の原因について政府が認定をしようとしております。そこで原因究明ができたならば、患者及び家族の救済対策、悲惨事を再び繰り返さないようにするには、どうすべきであるか。この際、対策委を設置し解決を図る義務と責任があると思うわけであります。

次に企業責任について。すでに四十二名の命を奪い、六十九名の患者はいつ命を奪われるか、またいつの日に回復するのか、まったくめどもない。難病にとりつかれて病床に苦しんでいる。

また、生活の基盤を失った漁業の方、販売業者、旅館業者、観光業者に至るまで多くの市民に打撃を与えた。企業はその責任をとらなければならないと思うわけであります。政府は政府の立場で、直接の被害を被った水俣市は市の立場でその責任を追及すべきであると、思うわけであります。市長の所信を明らかにしていただきたい。

さらに、チッソ会社の排水はいまなお、不安があると言われており、工場排水の管理体制の強化について、お尋ねします。この際、権威ある熊大などに依頼をして徹底的に排水の調査監視をする体制の確立が最も大切ではないかと思うわけであります。市長のご見解を承りたい。

こんご死亡者、患者家族などの補償問題について、当事者間の自主交渉が行われると思いますが、市長は積極的にあっせんの労をとられるご意思があるかどうか。

さる十八日のモーニングショウで園田厚生大臣は利益追求ばかりでなく、人間の幸せのための企業倫理を確立しようと、会社を厳しくたしなめておられます。市長は六月議会で、チッソが協力的で、それで原因究明ができた。厚生省が高く評価し会社もほんとに良くやった、とほめていると語り、市長自らも会社の協力と誠意を認めているかのように見受けられます。もし、そうだとするならば、市民の感覚と実態を大きくかけ離れた言いかたであるし、会社の代弁者的発言であると断ぜざるを得ません。市長の率直なご見解を承りたい。市内の魚販売や旅館などの業者対策では、各業者の悩みを解消するための打開策を講ずるべきであるが、市長の構想、計画があればお聞かせ下さい。

◎議長（広田愿君） 答弁を求めます。

◎市長（橋本彦七君） 村上議員にお答いたします。

特別対策委員会をつくることについてどう考えているかというご質問でありますが、市としてはこれまで医療の面に力を注いできた。例えばリハビリテーションを相当な建設費を使ってやったということから、お分かりいただけると思います。いろいろ、国に要求しても国が立法化をきらうため、それ以上のことはできなかった。早く公害認定されれば立法措置ができますので患者の医療について完全を期することができます。厚生省の橋本公害課長が大臣と一緒に水俣入りしたとき、市は五項目の要望［注参照］を出し、即座に決定していただきました。したがって、これらが実現すれば、市としての対策がほぼできるという感じでありますので、対策委員会というものは私は考えておりません。

次に企業の責任については公害としての行政措置ですから、どうなるか分かりません。国とか県の責任の分担などが示されるのではないかと思います。互助会員への見舞金とか、補償の額について話し合いをすると、言っていますからそういうことで、責任を果たしていくということを期待しております。

それから、工場排水の管理につきましては、二度と公害を起こさないように厚生省が県、市、熊大に委嘱して今後水俣湾の水質、魚の調査を続けると言われております。厚生省の方針にしたがって排水管理に力をつくしたいと思っております。

補償問題については互助会が自主的に会社と交渉するということであります。あっせんの労をとるかとらないかについて、別にそういうことを聞いておりませんのであっせんに乗り出す考えはありません。折れ合わないときには、大臣が、あるいは県も市も加わって調停を努力しようということでございます。まず、互助会と会社の自主交渉が先決だと思います。

それから私が会社をひいきしておるというお話がございましたが、そういうことはございません。

［注］厚生大臣が来た時に市が厚生省に要望した五項目は次のとおり。

1　医療救済法の制定　医療費は企業及び国において全額負担する

2　付添看護人の件　水俣病重度の患者一人に対し看護人一人を付ける

3　心身障害者障害程度等級表を別に定める件　特別立法措置を講じていただきたい。本患者は運動失調、歩行障害、視野狭窄、聴力障害、言語障害、知能障害などの多角的症状を有しているため、現行の身体

障害者福祉法の施行規則とは別個に対応する

4　公害医療手当ての支給の件　生活保護法を受けている家庭では見舞金が収入認定されるので特別加算もしくは除外措置をとる

5　特殊学級の設置　特殊学級教室の設置を全額国庫補助で行う

◎日吉フミコ君

（日吉フミコ君登壇）

水俣病問題についてはたくさん出ましたけれども、私も一、二質問してみたいと思っております。市長を含む一般市民が、寝た子を起こした水俣病対策市民会議に対し、冷たい感情で接してこられましたが、しかし今日では先ほども夢見が悪くて寝られなかった子を、ぐっすり寝かすよう努力しなくちゃならないと、全くの名言であると思います。ここまで一般市民の水俣病に対する、また公害に対する認識を高めてきた、ひとつの役割を果たしてきた、水俣病対策市民会議に対して、どう理解されているでしょうか。

ある人は互助会の団結を乱そうとしていると言われました。けれども、私たちは一月十二日に市民会議を発足させて、患者の皆さん、胎児性の子供たちを、どうして救っていこうかと一生懸命でございました。私たちにはどんな野望もなかったわけです。ここで発足にあたって、市民の皆さんに出しました二月九日のビラを一部読んでみます。

「市民の皆さん、私たちはこのたび水俣病対策市民会議を発足させました。水俣病が発生してすでに十四年、水俣病患者と家族の人たちは、市民的支援組織もない中で、ほんとうに長い間苦労をしてこられました。水俣市民の一人として、私たちはあらためてまことに申しわけなく思います。この十四年の間、ある人たちはすでに惨死され、ある人たちは廃人となり、またある人たちは不自由なからだにむちうって、世間の冷たい目のなかで働いてこられました。そして私たちは、水俣病のことを言えば、もう水俣は繁栄しないのではないかと考えるようになり、水俣病のことを他人のこととして忘れ去ろうとしているようです。はたしてそれでよいのでしょうか」

その次の水俣病の経過、患者の概要は抜きます。

「患者家族の将来には、何の保障もない、市及び関係者の卓抜な識見と努力によって、湯之児リハビリテーションセンターは、水俣病を契機として竣工され、西日本中の身体障害患者がその恩典に浴していることはご存じのとおりです。しかし水俣病重症患者が入院していないという事態は、一体どういうことなのでしょうか。たとえば小学一年生、入学を前に発病して目も見えず、耳も聞こえず、口も手も足もかなわぬ十八才の少女は、十二年間も病院のベッドに横たわり続けています。一人ではすわることさえできぬ胎児性水俣病の子供たち、この子供たちは、これからの長い生涯を、いまのままで送らねばならないのでしょうか。人命尊重と福祉社会の建設を、私たちの手で築き上げましょう。

第一の水俣病の発生によって、世界の水俣になってしまった当市が、この苦しみを教訓にして、日本で初めての人権の生きる町に生まれかわるということはできないのでしょうか。このことはいまや国民の生命と生活の上におそいかかっている産業公害を、どう乗り越えて、この国が発展していくかという命題の解決を迫ります。その意味で、この並はずれた不幸に対して前記見舞い金ですべてが打ち切られるとしたら、政府や当局が常に口にしている人命尊重と、福祉社会の建設とはうらはらに、私たちの国は最低の国であると言わねばなりません。

いまなお激烈な症状に悩む患者の奥さんは、たとえかたきにでもこの病気ばかりはかからせたくないと言って涙ぐみます。この会は特定の者の売名や、いかなる団体、政党の道具でもありません。私たちは、第三、第四の水俣病を防止するために、水俣病の原因を政府に確認させると同時に、患者家族の救済措置を要求するために、一月十二日水俣病対策市民会議を発足させました。この会を特定の者の売名や特定のいかなる団体政党の道具などにもしてはならないことは、この会の発起人たちのおのずからなる決意であったことを申し添えておきます。どうか皆さま方、純粋な心と知恵とお金をこの市民運動のためにお寄せ下さい。そして会員になって下さいますよう、心からお願い申し上げます。」

これが水俣病対策市民会議の発足にあたってのことばでございました。私たちはそのことを肝に銘じていつまでもいつまでも変わらないつもりでございます。

ある人は互助会の分裂策動をしているのは、市民会議だと言われます。けれども、私たちは互助会の団結を固めるためにどれだけ努力しているか、いろいろうわさがのぼっております。ある会社の課長は、互助会の役員選挙には、だれだれをしなさい。慰霊祭のあとの総会では、訴訟を起こさないようにしなさいなどといっている。何も私たち市民会議は、訴訟を起こさせるのが能ではありません。全国に広がりつつある公害を防止するためには、はっきり企業の責任を追及し、そのおかされた代償は十分取らなければならない。それが人間の道で、正しいことだと思っております。訴訟をそそのかした覚えは一度だってございません。分裂策動をさせているのは、会社のある課長ではございませんか。私は本当に憎いのです。私たちがあたかも互助会を分裂させ、チッソの会社を再起できないようにさせようとしているなど、言いふらしておる人がおります。私たちはやはり水俣市民でございます。チッソの発展を願っております。しかしその発展も人命を台なしにした発展であってはいけない。これは園田厚生大臣も、くれぐれも言われたはずでございます。

次に、二十二日の園田厚生大臣の来水に際しまして、当然私にも参加しないかとの連絡があるかと、私は心待ちをしておりました。けれども何の音さたもございません。十九日の議会終了後も何も言われないので、私としては一月十八日に松橋療護園で園田厚生大臣にお会いをして、原因を究明してほしいということ。患者を救済してほしい。特に胎児性患者のことについては、よろしく頼むと訴えております。大臣も「わかりました、あなたの意思は十分私の政治の上で生かしたい」と申されました。

また、三月二十八日には政府に陳情にまいりました。各省—経済企画庁、科学技術庁、厚生省、通産省と、課長の人たちに集まってもらい、その中で陳情し、また各党に対しても自民党、社会党、公明党、共産党、民社党の皆さんに、私たちの陳情文を持ってまいりした。私としては園田厚生大臣に直接お会いして、たびたびお願をしておりますので、二十二日の正式陳情にあたっても、どうしてあの女はこないのだろうかと思われるに違いない。いままで陳情を続けておって、どうして今日の正式会場にこないのかと思われるに違いないと思って、助役に申し入れに行ったわけでございます。それは人員がきまっているので、もうそれ以上入れることはできない。それで私はそうでございますか、やはり今度も常とう手段ではいけない、一月に園田厚生大臣がこられましたときにも、衛生課長に陳情を頼みにいったが断られた。やっぱり今度も断られたなあと思って帰ってまいりました。

夜に、助役から市長と相談をしたら、あんたは正式会員の中には入れられないけど隣の部屋で厚生大臣が出て行くときに、あんたの言いたいことを言うたらどうかと、こういうようなお話でございましたので、私も一時はありがとうございます。そういうふうに言ったわけでございます。しかしいままで私たちが、この会を発足させるときに、ほんとうに子供たちの親の一番大きな組織である婦人会に、どうぞ私たちはこういう運動を始めますので、よろしくご協力をお願いします、会員になって下さい、と言いましたら、寝た子を起こせば、チッソに気の毒だ、市長にすまない。気持ちは十分、分かるけれども入会はできないとおっしゃいました。その婦人会の幹部の方は、陳情団にお入れになりました。それでも私はそれはいいと思います。なぜならば市民運動が全市民的なものに盛り上がってきたからです。決して婦人会長を陳情させて私をなぜ陳情させないかとは申しません。けれどもその裏にあるものが、私にはわかるような気がいたしてなりません。私はどれだけこの市民対策会議をつくってから、自分の金で、ある子供を盲学校に入れるためにも、三回、四回と盲学校にまいります、ろう学校にまいります。またある子供を就職させるためには県にまいりますし、県の職安課にまいって、どういうふうにすればよいのですか。ほんとうに自分のうちのこどもたちから、何でおかあさん、そんなに要らぬ金まで使うかと言われることもたびたびですが、私はもうすでに親としての責任は済んだ。いつまでも先生をしたいと思ったけれども、夫婦共かせぎの悲しさでやめなくちゃならない。夫婦共かせぎを最後までして、退職金をもらったならば、何か社会奉仕をしたい、そう願っておりましたけれども、それができませんでしたので、私は金が要らなくて、そしてほんとうに弱い人の味方、心の支えになるのには、この運動が一番私に適しているんじゃないか、私がどんなに誠心誠意やっているか、市立病院に入院している子供たちが、私が行けばだっこされる、だっこしないときかない。その様子をみられる船場さんが、私が行けばおお、足を押えろ、先生が来たけん起きたかっ、そういうような態度もみられた。私が何のやましいこともなく、ほんとうに弱い人の味方になっているということが十分おわかりのはずでございます。

それをなぜこういうときに私をのけなくちゃならないのでしょうか。幸い大臣が自動車からおりられましたときに、私は顔なじみでもございますので、つかつかまいりまして、大臣、ほんとうに、きようはご苦労さまでございます。といいましたら、いろんな苦労があるそうだね。でもがんばりなさいと、私の肩をたたいて言われましたときに、ほんとうに大臣は政党政派を越えて、すばらしい人格者だと私は思いました。そして上がって行く、私は阿賀野のことも申しました。水俣と同じようにストレートに出してほしい。

また私がいままで陳情して言ったことが、きょうは具体的に市長のほうから陳情がございますので、何とぞよろしくお願いしますと申し上げました。わかったわかった。そういうふうに言って下さいました。また東京に行ったときも、同じ熊本出身ではあるけれども、これを出すまでに至らすのには、相当苦労があるよ。しかし自分は人道上出さざるを得ない。水俣の人たちが立ち上がらなければ自分はなかなか出せないものだ。もっと水俣では世論を巻き起こして運動してほしい。それが私が正しい結論を出す支えになるんだということをおっしゃって下さいました。ほんとうに私は園田厚生大臣を信頼いたしておりました。その大臣が言われたことが、きょう二十二日のような結果になったと喜んでおりますけれども、こういうふうに世論を盛り上げてきたのはだれなのでしょうか。市長は十何年間も陳情を続けているとおっしゃいました。けれどもこの前の私の質問に答えて、市長会を通じて陳情しているということは、だれも知りません。一月の時点で、おまえたちのように、線香花火のようにしても、何も役に立たない。長く長く続かなくちゃだめだとおっしゃいましたけれども、その私たちの線香花火が、この世論を盛り上げる導火線になったのではないかと私は思っております。

この市民対策会議に対して、市長はどういう考えを持っておられるのか、お尋ねしたいと思います。

◎**議長**（**広田愿君**）　暫時休憩をいたします。

（二十四日　午後六時八分　休憩）

（午後六時十七分　開議）

◎**市長**（**橋本彦七君**）　厚生省が結論を出すということはですね、いま急に始まったことではなくて、少し前から、そういうことを聞いておりました。それで園田厚生大臣が就任する前から、そういう動きがあったわけです、それで早く出せということは私どもも非常に執拗に言うてきたわけです。

先ほど全国市長会というお話がありましたが、全国市長会の中に産業公害委員会というものがありまして、その会合でも早く結論を出せということを厚生省の役人も出席しておりますので、要望したと。これは前の議会でも申し上げたはずでございますが、全国市長会というのは、その中の産業公害対策委員というものに私もなっておりますので、そういうことを善処してきたわけです。日吉先生が言われますがね、あなたは厚生省の公害課などに行っておらぬでしょう。公害課長は全然ですね、こちらから、市民会議というものがね、こちらへお伺いして、いろいろお願いしたという話ですが、全然知らぬと言っております、それは。あの橋本という公害課長がですね、このやっぱり結論を出すという方向に非常な努力をした優秀な担当官だと、私はそう思っております。私は非常に懇意ですし、上京のたびごとにいつでも話に行っていたわけです。

それで、あの市民会議ですか、市民対策会議に対して、どう市長は考えているかと、これは私としましてはですね、批判がましいことは申し上げません。

◎**議長**（広田愿君） いいですか。

◎**日吉フミコ君** いろいろまだありますけれども、台風も近づいてきたような感じでございますので、あとは逐次担当課長などのお話を聞くことにいたします。

◎**議長**（広田愿君） 以上をもって本日の一般質問の日程を終わります。

明日は定刻より会議を開き、各議案に対する質問を許すことにいたします。本日はこれをもって散会いたします。ありがとうございました。

昭和四十三年九月二十四日　午後六時四十五分　散会

エピソード4　昭和四二年一二月、議会で質問をした理由

一期目の四年間は、水俣病のことを言えば水俣が栄えないから何も言うな、と口止めされていたので我慢していましたが、二期目になって一人ででも何か出来るのではないかと考えていました。昭和四二年の一一月と言えば、年明けてからの新潟水俣病代表団が水俣を訪ねることがわかっており、地協（水俣地区労働組合協議会）事務局長をしていた松本勉さんと、これを機会に水俣でも患者の支援団体をつくろうと動き始めていました。その最も重要な仕事のひとつに、患者家族の実情を知り私たちの意向を伝えることがありました。互助会長の中津美芳さん、副会長の山本亦由さんを訪ねたりしているなかで教えられて、在宅患者の田中実子ちゃん宅を訪ねたのもそのころからでした。松本さんが市役所の勤めを終えてからですので、夕方の薄ら寒い日でした。坪谷《つぼだん》は旧国道の往還からずーっとくぼんで、石ころの細い道を、枯れ草をかき分けながら下りて行きました。見るからに貧しそうな家でした。

実子ちゃんのご両親は見知らぬ訪問客に怪訝なまなざしを向けました。父親は怒ったように言いました。「市会議員はみんなうまいこと言わすばってん、いっちょん（ひとつも）うちおうてくれらっさん（世話してくれない）」。他人の言うことは一切信用できん、早よう帰れと言わんばかりにまくしたてるのでした。

私が水俣病患者を初めて見たのは昭和三八年三月下旬、教職にとどまるべきか、市議に立候補すべきか迷っているときでした。受け持ちの子供が市立病院に入院していて、見舞

い方々通知表を持っていったとき、北海道の北星学園女子高等学校の生徒たちが水俣病患者を見舞いにきていたのに偶然お会いして、その後をついて回ってその症状のひどさに衝撃を受けました。

市議に当選してからは、毎月報酬をもらってからちょっとしたものを買って水俣病患者を見舞っていました。船場岩蔵さんと尾上光雄さんは、たばこが好きだったので巻きたばこを一箱づつあげると大変喜ばれました。

その頃の尾上光雄さんはベッドにつかまって一人で立てるように訓練をしておられましたが、足がブルブル振るえて、後から支えておられる妻のハルエさんと二人して一生懸命でした。見舞いを続けるうち、ハルエさんは水東小学校で私が担任していた森山純子の伯母さんとわかったので特に親しくしていました。

昭和四〇年四月、湯之児病院（リハビリテーションセンター）に移られてからは歩行訓練に熱心で少し歩けるようになっておられました。昭和四二年一〇月、退院して百間の自宅に帰られてからは、家の修繕や土地の境もめなどいろいろあって、再三訪ねていました。生活保護をもらっているが、チッソからの見舞金を差し引かれるので、見舞金は何の役にもたたないこと、重症患者は入院しないで自宅に居る人が多いことなど聞きました。

どんな困難があっても支援団体をつくろうと自分に言い聞かせていたこともあって、四二年一二月一五日の一般質問に、私の番が回ってきましたので思いきって質問してみました。

（編　者）

第五章　「公正円満、早期解決」の大合唱

昭和四十四年一月二十二日　午前十一時五十二分　開議　午後零時二十九分　閉会

議事日程第一号　日程第五　意見第一号

公害に関する行政措置についての意見書

◎議長（広田愿君）　意見書を付議します。

右の意見書を提出します。

昭和四十四年一月二十二日　提出

提出者議員　淵上　末記　　提出者議員　早馬　雄治
〃　田中　末義　　〃　松田　優
〃　竹内　逸雄　　〃　中村　政則
〃　江口　静一　　〃　岡本　勝
〃　日吉フミコ　　〃　元山　弘
〃　山川　正進

公害に関する行政措置についての意見書

本市において発生した水俣病は見るに忍びない悲惨なものとして世界の注視を集めてきたところであるが、患者発生当初より十五年の歳月を経た昨年九月二十六日ようやくにして公害病の認定を受けるに至ったのである。本公害病認定により、必然的に補償問題が再燃することは当然のことであり、水俣病患者家庭互助会とチッソ株式会社との間に数次にわたる補償交渉が行われたにもかかわらず、いささかも進展をみていない現状である。

公害病認定後初めてのケースであり、当事者双方とも、相当苦慮しているところであるが、このまま推移するならば、その解決はおろか、不測の事態を起すおそれもあり、ひいては大きな社会問題となりかねないことを憂慮しているところである。政府におかれては、すみやかに公害にかかる諸問題を公正円満に解決するための行政措置を講ぜられるよう本市議会の名をもって強く要請するものである。右地方自治法第九十九条第二項の規定により意見書を提出する。

昭和四十四年一月二十二日

水俣市議会

◎議長（広田愿君）　提案理由の説明を求めます。

（公害対策特別委員長淵上末記君登壇）

◎淵上末記君　提案者を代表しまして提案理由の説明を申し上げます。

水俣病につきましては、市民ひとしく円満解決を希望し、また議員の皆様方からも、そういう要請があったことは、ご承知のとおりであります。

われわれ提案者はおもに公害対策委員会のメンバーになっております。十八日の全協によりまして、新政クラブから岡本さんが提案者になるということにきまりまして、ここに提案をいたしたわけでございます。十七日の委員会全協におきまして、基準を早急に示してもらいたいということにつきましては、議員の皆さん方ほとんど同意見であったと思っておったわけでございます。本日は議案を提出して皆さん方のご賛同を得たいと思っておったわけでございます。患者家庭互助会が上京し厚生省に陳情。厚生大臣の談話では、国で補償基準をつくるということは、困難であるということを言っておられます。知事を主体とする第三者の調停機関を二月中につくりたいと語り、患者互助会も了承をしたという報道がなされておるのであります。

今日われわれがこの意見書を提出する場合におきまして厚生省、政府の補償基準はできないという場合、この意見書を出すということは、今日の事態にマッチしないということで、発案者全員相はかりまして、この意見書につきましての十分なる検討を重ねたのであります。相当の時間が経過いたしましたので今日の開会の時刻も遅れました。皆さん方に申しわけなく思っております。私たちとしましては、この意見書が全会一致をもってこれを意思決定するということは、早期解決に対する大きなウエートを持つと考えておったわけでございまして、この提案者の意見調整につきましても、各自の意見を徴しまして、十分検討をいたしまして、ここにこの意見書を提案したのでありま す。

結局、表題を全協におきまして「公害補償基準設定についての意見書」となっておったわけでございますが、現在の事態に合わないというご意見もございまして「公害に関する行政措置についての意見書」というふうに表題を変える。この内容につきましても、「すみやかに公害にかかる補償の基準等を設定され」という文章になっておったわけでございますけれども、これを変えまして「すみやかに公害にかかる諸問題を公正円満に解決する」と文面を変え、提案者十一人の同意を得て提案していただいたわけでございます。

私たちはこの意見書を皆さんにはかりしまして、全会一致をもって決定。政府当局にこの意見書を提出することとなりました。

どうか、われわれの意見書を十分検討いただき、全会一致で可決されんことを切にお願いいたしまして、提案理由にかえたいと思います。

◎議長（広田愿君）　引続き本件について質疑ご意見はございませんか。

◎村上実君　一言要望を申し上げておきたいと思うわけであります。ただいま提案者の説明よくわかりました。

この意見書の中にも書いてありますように、当事者が数次にわたって補償交渉を行ったにもかかわらず、いささかも進展を見ていない状態である。政府の手で公害が認定をされ、その直後新聞やテレビを通じ、あるいは水俣病の合同慰霊祭のときも、あの大衆の前に深々と頭を下げて会社が言ったことは、誠意を持って患者互助会との交渉をやるということを、天下に声明をいたしました。ところが天下に声明した会社の誠意とは、基準がなければ具体的数字は出せませんというのが会社の誠意であったのか、と言いたいわけであります。そもそも、中央に対して、意見書を提出しなければならないのはなぜか、交渉が進展しないから、これも必要になってくるわけです。交渉が進展しないということは、会社が誠意を持って具体的交渉に入らなかったからこそ、議長や助役さんが上京するというご苦労をなさったわけであります。

政府に意見書を提出すると同時に、会社にも、もっともっと誠意を持って円満解決のための最大限の努力をしてほしいという要望を付すべきじゃないかということは、十七日の全員協議会でも申し上げたわけでありますが、状況は変わってまいりました。

いままさに政府で第三者による公正妥当なあっせん機関を設置されて、軌道に乗っていない交渉を軌道に乗せるような準備がされる。いままで軌道に乗っていない交渉は、いままさに軌道に乗ろうとしている一番大事な時期であろうと思うわけであります。この時期に、会社にぜひとも誠意を持って、家庭互助会との交渉に接し、早期円満解決へ最大限の努力をされるように議会の名において要望すべきであると考えるわけであります。特に第三者によるあっせん機関が構成をされ、具体的あっせんが始められる場合に、当事者をそれぞれお呼びになって、瀬踏みをされるだろうと思うわけであります。あっせん作業の場合、その場合にはぜひとも会社のほうには誠意を持って交渉に当たられるよう、要望を付すべきじゃないかというふうに考えますのでぜひおとりあげくださるように要望を申し上げておきます。

◎斉所市郎君　この意見書の問題につきましては、全協でお話し合いをいたしておりますので、多くをしゃべる必要はなかろうと思うのでございます。この問題につきましては、だれもが早く円満に解決するのを望んでおります。

早く円満に解決をするということで、助役さん、議長さんの上京を知りました。これとタイアップして、実のある協力をしなくちゃならぬということで、上京いたしまして、その活動をしたわけでございます。ですから、どなたが見ても、まことに妥当であろうというような解決方法を私どもは望んでおります。ですから、そういうような運動をしたのでありますが、ようやくそのきざしが見えまして、政府におきましても、そういう機関をつくろうというような動きが見えておるのでありまして、まことに喜ばしいことでございます。

で、ここに、こういう意見書ということは、私はもうあまり必要ないじゃないかというような気もいたしますけれども、地方の意志を決定をして、だすことが、中央に対しての確信を得させ、また促進にもつながるというように思いますのでやはりこの意見書を出すのは意義があろうと、いうふうに考えましてこれには賛成であります。

◎元山弘君　共産党がこの意見書に賛成する見解を明確にしておきたいと思います。

九月二十六日、患者家庭互助会また公害に苦しむ全国の人々の力が結集して、水俣病についての統一見解が出されて、当地の水俣病については、チッソ水俣工場のメチル水銀化合物が原因だということが断定されて、そして水俣病を公害病というふうに認定がきまったわけです。しかし、水俣病を公害病として、明らかにしましたけれども、大きな問題点が残されている。公害発生企業の加害者責任の範囲や、また公害を防止するについての対策、また死亡者、患者、同じく家族への賠償、補償また患者の治療、生活、教育問題等について、具体的な施策が明確にされておらない、裏付けがないという大きな弱点を持っております。

だからこそ多くの世論が、あくまでチッソを中心とする大企業援護の政治姿勢を自民党が再び明らかにしたものにすぎないのではないかという強い批判があったのも、こういうことから出てきたと私たちも考えております。それで、どうしてもこの公害の発生の原因は、当事者の企業と国の責任ということを私たちは考えないわけにはいかない。水俣病を公害病と認定した以上は、企業の責任の問題、また今後絶対公害を発生させないという問題、また患者家族の生活の保障、また賠償の問題、患者家族の医療、教育等について、政府は責任ある具体策を講ずる必要があると、それを要求する権利がわれわれにあるという立場を、私たち共産党はとっております。

そういう点から、今回公害に関する行政について、公正な行政措置をとるように、政府に対して意見を述べるということは、一定の効果を擁する問題があるというふうに考えております。

また、補償問題については、これはやはり遅らせているのは、村上議員も言ったように、チッソ工場そのものの誠意がないというところにあるということを委員会等でも主張して、だからこそ、この補償問題を早期に解決するためには、どうしても市議会としても、チッソに対して誠意を持って臨むべきだと、具体的に金額も示すべきだと意見書なり要望書なり、決議を出すように主張しましたけれども、残念ながら今日まで議員が一致するところに至っておりません。

今後この問題については患者家族、また地域住民の方々と力を合わせて、チッソ工場に対し要望をし、また議会の中でも論議を尽くして、早急に会社が責任と誠意を持って患者家族が出しておりますー千三百万［死者補償金（編者注）］、また生存者の六十万［年金（編者注）］に対する正当な補償をするよう要望していくという姿勢を、私たちはとっていきたいと思います。本日出されたこの意見書について賛成し、患者家族、国民の側に立った公正な行政措置をとるよう、皆さんとともに要求していくということが大切だという立場から、この意見書に賛成するという見解を披瀝しておきたいと思います。

◎議長（広田愿君）　ほかにございませんか。

◎日吉フミコ君　この意見書をどういう形で出されるか、ただ文書で送られるかどうか、だれが持っていくかというようなこともあとで決まるでしょうが、そのときに市当局として持っていくか、議員の代表が持っていくなら持っていく人たちも十分考えて「諸問題」ということについて、要求していただかなくちゃならない。非常に大事なことは、国民健康、社会保険を含めて、その水俣市の国民健康保険に対して水俣病がお世話になっているという面は、非常に多いわけでございます。たとえば入院患者にしましても、一ケ月の入院費、治療代などを見てみますと、四万円から五万円かかっています。これは保険料の中の七割は水俣市民が持つわけでございますので、あとの三割について、今後政府の見解では企業側二分の一、国と県が四分の一ずつ持つと、そして市はおかげで今までの三分の一の負担をしなくていいようになりますけれども、その意味は七割の負担の中に、市が負担する分が多いという意味で、そういうふうになったか知りませんが、そこのところを強調していただいて、国民健康保険に対する水俣病の特別交付金というものを要求するようにしなければ、市民の健康保険に対する負担というものは、いつまでも大きくて、それが健康保険料を上げていく原因の一つにもなります。

たとえば、私のようなのは、医者には一年に一回もかかりませんが、水俣病の人たち、胎児性患者の人たちは一生涯かかっていく問題でございますので、そういう特別交付金をふやしてもらうということを十分話していただきたいと思います。生活保護の問題でも収入認定をされますので、補償金、見舞金をもらっても何にもならない状態でございますし、ボーダーラインの人たちはそれをもらうために、生活保護も受けないで非常に苦しんでおる面もございますので、収入認定されないよう働きかける必要があると思います。

教育費の問題につきましても、特殊学級を湯之児病院に新設していただくということで、非常に感謝しているわけですが、そういう特別な教育費につきましてもやはり、国が補償しなければならない大きな問題であろうと思います。「諸問題」の中には、そういうことがあるということを十分説明していただきまして、意見書を出していただくよう希望します。

◎**議長（広田愿君）** ほかにございませんか。

（「異議なし」という者あり）

◎**議長（広田愿君）** ご異議ございませんから、意見第一号公害に関する行政措置についての意見書は、原案どおり決定いたしました。

これをもって、昭和四十四年第一回水俣市議会臨時会を閉会いたします。ありがとうございました。

一月二十二日　午後零時二十九分　閉会

エピソード5　水俣病対策市民会議の発足まで

戦後の昭和二六、七年頃は、まだ敗戦の傷が癒えきらず、かなりの人たちが衣食住に困っていた。その頃から、水俣湾の魚介類は死滅しはじめ、やがてネコが狂い、禍いは人にまで及びはじめるようになっていった。月浦、湯堂あたりには〝ネコ踊り病〟〝奇病〟がはやっているという噂が広がっていった。病人を出した家族は、家には病人をかかえ、原因はわからず、魚は売れず、伝染病の疑いもあって、その日の暮らしにも困る生活に落ち入っていった。その暮らしはどんな貧しさだったか。ここに貴重な記録が残されている。

「昭和三一年四月初旬、それまで散発的だったこの奇病が、急に多発しはじめた。……患者の多発地帯は、月浦、湯堂と呼ばれる海岸沿いの部落で、売れそうなサカナは町に売りにいき、残ったサカナを主食がわりに大量に食べて腹を満たすのである。ときたま金が手に入ったときは、副食として米飯をとることもあるが、子供たちはオヤツどきになると、海岸に出て貝をとり、そのまま生で食べるという状態だった。

母親と小さい兄妹が三人とも発病した家などは、その典型といっていいだろう。板敷きの床に、ボロボロのたたみが二枚、それもたたみ表がなくなって、裏がえしたものが片すみに置かれ、その上にはシラミがびっしりと並び、無数のノミがはねまわっていた。足をふみ入れただけでぞっとするような貧しさ。部屋のすみで手足をひきつけるようにしたまま横になっている患者のふとんは、ほとんど布が残っていない黒ずんだ綿だけで、着ているものも、およそ人間が身につける寝巻きとは思えなかった。

家財はなにもなく、あるものはナベ、カマと、わずかな食器だけであった。伝染性の病気かどうかまだわからなかったわたしたち医師は、長クツをはき、中腰のまま診察をすませ、表に出るとすぐに全身消毒をしあったものである。

若い医師は、あまりの悲惨な生活を気の毒がり、初めは調査にいくのをいやがったりもしたが、あとでは多忙な日常勤務にもかかわらず、実に熱心にやってくれた。

そういえば、聞き込み調査にいくとき、よくビニールの袋に入った菓子を買っていったことをおもい出す。子どもたちは、わっとむらがり、右手で口に入れた菓子を食べ終わらぬうちに、左手の菓子をおし込むようにしていた。それは〝食い入る〟としか表現できぬ光景だったことが、やきつくような記憶として残っている」(『文藝春秋』「今だからいう水俣病の真実」昭和四三年一二月号、医学博士　元チッソ水俣工場付属病院　院長　細川一)

昭和三一年一一月三日、熊大研究班は非公開(秘密会)の中間報告で「奇病は水俣湾産魚介類による重金属中毒、原因は工場排水」を示唆。「水俣の奇病/中毒性のものか、ビールス発見できず、対策委で中間発表」(熊本日日新聞、昭和三一年一一月七日)で伝染病でないことだけは分かったが、原因物質が分からぬために「奇病」の時代はさらに続いた。

昭和三四年一一月はじめには、衆議院調査団(団長　松田鉄蔵)が現地調査。国会調査団おこる/水俣病に県と議会は怠慢/公聴会/漁民対策はゼロ/工場も汚水処理に無策。不知火海沿岸漁民総決起大会、約二千人は水俣市内をデモ行進のあと、新日窒に操業中止の申し入れ、新日窒拒否、漁民工場内乱入し警官隊と衝突、百余名の負傷者を出す。

同年一一月二五日、患者互助会は新日窒に対し、水銀説は厳然たる事実とし、一律三〇

○万円の補償要求、新日窒は〝答申は工場排水との関係不明〟と即答せず。
一一月二八日、患者互助会は、水俣工場前座り込み、新日窒に対し即答を迫る。新日窒ゼロ回答。

一一月二九日、患者互助会、再回答申し入れ、新日窒拒否、市内デモ行進。

一一月三〇日、患者互助会、市・市議会に対し〝何ら手を打たず不誠実〟と抗議。

一二月　一日、患者互助会、寺本知事に対し調停に患者補償を加えるよう陳情。

一二月　二日、知事に回答を要求し県庁座り込み。

一二月二七日、患者互助会、水俣工場前座り込みを解く。

一二月三〇日、患者互助会・新日窒、調停案を受諾調印（いわゆる見舞金契約）。こうした患者互助会の一連の動きは、支援団体もいない孤立無援のなかで、まったく独自に行った。「見舞金契約」が成立して年が明けると、水俣での水俣病問題は「終結」したことになり、水俣病のことは患者家族を含め、言うな、騒ぐなの沈黙の世界に入った。


この頃、水俣病問題についての私たちの意見は「水俣病の原因は科学的にはわかっているが、政治的にはわからないそうだ」ということだった。公害問題が全国で深刻化する中で、昭和四〇年五月頃、新潟でも水俣病患者が発見され、同四二年六月昭和電工を相手に新潟地裁に提訴、裁判問題となっていた。その年の一一月頃ではなかったろうか、来年一月頃新潟の患者さんたちが水俣に来るという情報があったことから、これを機に水俣でも患者の支援組織をつくろうという機運が高まっていった。

市議会でも活発に動いていた日吉フミコに、水俣病患者支援組織の会長になってくれるよう頼むと、日吉フミコは二つ返事で引き受け、それから二人で患者家族を回り始め、民水対（新潟県民主団体水俣病対策会議）宛一通のハガキを書き送った。「新潟における水俣病が社会問題となりましてより注目しておりますが、御当地における運動の活発な反面、地元水俣では、いまだ眠ったままの状態です。これには互助会内部の複雑な問題もありますが、市内の各民主団体も今まで手を差しのべなかったのも一つの原因です。これらの問題を克服して立ち上がるべく今患者の家庭を訪問したり、市内の民主団体に呼びかける作業をつづけておりますが、訴訟などについての資金はご当地ではいかがなされているでしょうか。新潟における斗いを勝利に導くためにも水俣でも立ち上がらねばならないと念願しておりますので、御教示いただきたい」。返事をくださったのは坂東克彦弁護士からで、長文の手紙と資料が届く。支援組織結成を呼びかけるために市内の活動家たちにも手紙を書いた。

昭和四三年一月一二日、患者の支援組織結成には三六名が集まった。会の名称を「水俣病対策市民会議」とし、会長に日吉フミコ、事務局長に松本勉を選んだ。会の目的は、①政府に水俣病の原因を確認させるとともに、第三、第四の水俣病の発生を防止させるための運動を行う。②患者家族の救済措置を要求するとともに、被害者を物心両面から支援する。

会の名称中「対策」は行政が使う言葉だという意見が後に出され、単に「水俣病市民会議」とすることに異議がなかったので一九七〇年（昭和四五年）八月「対策」を削除した。

（松本　勉）

第六章　確約書を迫る厚生省

昭和四十四年三月十四日　　午前十時五分　開議　　午後五時二十三分　散会

日程第二号　日程第一

一般質問

◎議長（広田愿君）　これより本日の会議を開きます。

（小柳賢二君　登壇）

◎小柳賢二君　次に水俣病補償について。昨年の九月二十六日に政府は水俣病を公害病と正式に認定してから、はや半年にもなります。その間、患者互助会は補償金を自主的にチッソ会社に対し、数回にわたり要求してまいりましたが、会社側としては、国の補償基準を待つとして、回答をいたしかねております。

当時の園田厚生大臣は、国の基準をいま示すことは困難であると言って、第三者の寺本知事にあっせん方を依頼しましたが、知事は両方との間に開きがあり過ぎるとして、双方の要請を断った。斉藤厚生大臣は、補償基準を示す意思なきことを表明したので、市議会は一月九日本件につき全員協議会を開き、さらに同月二十二日には緊急臨時市議会を開いて、政府に対し、早急に補償解決の意見書を提出するよう、全会一致で決定して上程しましたところ、斎藤厚生大臣並びに大平通産大臣も二月中には公平な第三者機関を発足させると確約して、なお前後して上京した互助会代表にも右のように約束されたのであります。

二月二十六日、厚生省は双方に対し、一、第三者機関の人選は一任する。二、結論には異議なく従うとの確約書を要求。互助会はあっせん依頼書と書き直したところ、厚生省は確約書でなければ、あっせん機関はできぬとの回答があったとのことであります。市民はひとしく、本問題の早期円満解決を望んでおります。今後市としてはどう対処されるお考えか、その所見をお聞かせねがいます。

なお、水俣病対策市民会議の名において互助会代表者の依頼もないのに、一方的に扇動して、会社側に抗議文を強硬申し入れるなどしている。今日まで市と議会は打って一丸となり、ことに議会は特別対策委員会まで特設して、本問題の公正円満、早期解決に努力を続けてまいっておるにかかわらず、一部の議員がかってな運動をなすがごとき行為は、好ましくないと思いますが、いかがかお尋ね申し上げます。最後にお聞きしたいことは、水俣病救援募金の窓口状況について、いずれの方面から何ほど募金されているか、その使途について承りたいと思います。以上をもって私の質問を終わります。

◎市長職務代理者　助役（渡辺勝一君）　水俣病の補償の問題については私どもとしましては一日も早い解決を念願しているわけでございます。確約書の問題にしてもその他の自主交渉、あるいは訴訟ということにしても、あくまで互助会の自主性によって決められるべき性格のものではないかと思います。

◎村上実君　私も水俣病補償問題で質問いたします。さきに公正円満なる解決のための行政措置についての意見書を提出いたしました。これまで国や県や市に働きかけられたことと思いますが、その後どうなっているものか、ご説明をいただきたいと思います。

◎衛生課長（山田優君）　これまでの経過について、ご説明申し上げます。園田厚生大臣が九月二十二日にこられました折りに五項目の陳情を致しましたところ、異例の決済が行われました。今年一月二十日に第三回目の互助会の陳情が行われました。この時には厚生大臣は現斎藤大臣でした。その時の要点を申し上げますと、政府で補償基準はつくれない。解決のためにはこの秋に予定されている公害紛争処理制度によるべきものかもしれない。それまで待てないのなら、あっせんをする機関を設けてやるようになるでしょう。公害紛争処理法成立まで待てぬということであるから、あっせん機関とは第三者的なもので、平たく言えば任意の仲うど的役割をなすものであるとのお話がありました。

それから、県の藤本〔伸哉（編者注）〕企画部長と私が二月二十七日に厚生省の山本次官に第三者機関の設置を相談いたしましたところ、山本次官は互助会も、会社も任せるということが、はっきりすれば人選に入る、と言われました。その際、武藤〔琦一郎（編者注）〕部長から確約書を出してもらうように要求がありました。確約書の内容を朗読しますと「確約書　私たちが厚生省に水俣病にかかる紛争の処理をお願いするにあたりましては、それをお引き受けくださる委員の人選についてはご一任し、解決にいたるまでの過程で当事者双方から、良く事情を聞き、また双方の意見を調整しながら論議を尽くした上で、委員が出してくださる結論には異議なく従うことを確約します」という文章です。

このことを、電話で総務課長に伝え、総務課長から互助会側に伝えました。三月三日、市長室に互助会から山本、中津、杉本、園村、渡辺、坂本、中岡、前田以上の諸氏がおいでになり、議長、助役、緒方〔昌治(編者注)〕総務課長、私四名と話し合いました。その場で確約書の「委員の人選についてはご一任し、解決に至るまでの過程で、当事者双方から、良く事情を聞き、また双方の意見を調整しながら論議を尽くした上で」までは同じで「一日も早いあっせんを依頼します」と訂正した文章にしてほしいと、厚生省の武藤公害部長に電話しております。

以上がこれまでの経過でございます。

エピソード6　水俣病対策市民会議、チッソに抗議文を出す

昭和四四年一月一二日、市民会議一周年総会で、チッソに抗議文を出すことを決定。

昭和四四年二月一五日抗議文提出のためチッソ第一労働組合前に午後一時集合、日吉以下一六名（長野春利県議会議員も参加）。松本勉が河島庸也総務部長に抗議文［左記はすべて原文のママ（編者注）］を読んで渡し、回答を求めたが、回答するかどうかは社長が判断する、と。しかし回答なし。

抗　議　文

貴社は十数年前より水俣湾に数々の有毒重金属類を流し、そのうちの有機水銀によって水俣病を発生せしめた。

患者は公式的には一一一名、そのうち四十二名が死亡したといわれているがこの他にも未認定患者の存在は公然の秘密といわれている。水俣病に犯された患者はもとより、患者家族の精神的、物質的苦痛は耐えがたいものがあった。

不知火海沿岸漁民を始めとした鮮魚小売商、観光旅館なども生活の脅威にさらされた。一般市民に対しても永い年月、生命の危機感を与えずにはおかなかった。水俣のみならず、広範な、われわれの地域社会全体に多大の衝撃を与えたのである。今、なお水俣市民はこの衝撃から癒えることあたわず、その魂と心の中にこと「水俣病」に関するかぎり、高度なモラルを生むことさえできないでいる。地域ぐるみ精神の荒廃、卑屈の中に低迷せしめ

ているこことは人間の理論ではない企業の利己主義をもってこの地域を支配してきた、貴社の道徳的責任である。

昭和三十一年五月、水俣病事件発見者、貴社水俣工場付属病院長細川一博士の報告によって保健所を中心にした水俣病対策委員会が設置された。つづいて、熊本大学医学部によって疫学、臨床、病理、自然発症の動物水俣病、水俣湾産魚介類による実験的水俣病、水俣湾周辺の人、動物、魚介類および海底泥土中の水銀量の証明、有機水銀中毒の実験等が、つぎつぎに国際的学会において証明される間、貴社は、卑劣にも右研究班が有機水銀を証明するまでにこれを侮辱し、あまつさえ、かずかずの研究妨害を行ったことは研究にたずさわった学者の証言によってあきらかである。

水俣市民の大半が今なお「会社大切」と思いやる心にくらべれば貴社の態度は終始一貫、これら市民の真心を踏みにじり、狡猾にもこれを利用し、圧力をかけ殺して平然とかえりみない。貴社が早くよりすなおに熊大の工場排液説に耳を傾け、これら研究機関と協力していたならば、少なくとも三十二年以降の三十数名の患者発生は未然に防げたのであり、当然第二の水俣病（新潟水俣病）も防止できた筈である。

さらに、貴社は三十四年十月、水俣工場における秘密実験によって次のような工場排液による猫ナンバー四百号の水俣病発生を確認していた。

（貴社1）酢酸工場排水を直接猫に与える　◎水銀含有量百PPM以下　◎猫実験四〇〇号　昭和三十四年七月十一日より毎日二十グラムを基礎食にかけて食わせる。十月六日失調、麻痺を起し、疑わしいため屠殺、病理所見により水俣病発生を確認

この実験結果確認後も排水は流され続け、三十五年に入ってさらに数名の患者発生をみ

た。三十四年末、れいれいしく公開したサイクレーターも、世間の目をくらますまやかしものであったことが四十三年八月に至って判明した。

この間、くだんの有機水銀を含む排水は積年にわたって不知火海にこっそりと流されつづけたのでありわれわれ水俣市民を根こそぎ精密健康調査診断し、他市町村民と比較対照するならば、どのような結果がみられるであろうか。まことにリツ然たるものがある。


貴社の行為こそ現代の悪魔ともいうべきである。

昭和三十四年末、貴社と水俣病患者家庭互助会の間に結ばれた契約により患者家庭に対しては、わずかな年金が支給されることになったがこの年金に対し、貴社は補償金と呼ばず「貧乏な隣人に金持ちが恵んでやる見舞金である」という態度をとりつづけた。

また契約書第五条の「乙は将来水俣病が甲の工場排水に起因する事が決定した場合においても、新たな補償金の要求は一切行わないものとする」の一項は、殺した死者の人権を二重、三重に蹂りんするものであり、これこそ、非道きわまるいんけんな暴力といわずして、何を暴力というか。

かくして、われわれは基本的人権を積年にわたって侵害されつづけた。この事実に対して貴社の誠意ある表明はまだ一度もなされていない。昭和四十三年九月二十六日、政府は水俣病の原因がチッソ工場の排液に含まれる有機水銀であると発表し、貴社もそれを認め患者家庭の補償には誠意をもって当たると公言した。しかし、貴社は、水俣病患者家庭互助会の補償要求に対し、三十四年の契約にはこだわらないが破棄しないとか、過失でやったことだとか、補償基準がないとかまるで他人事のように逃げ廻り、四回に渡る交渉にも拘らず、具体的な回答は何らすることなく今日に至った。補償基準という生命の代価は第三者とか、加害者が決めるのではなく、殺された家族、障害者となった被害者自身が決めるものである。このことはあなた方自身の家族が殺されたとき、加害者に対するあなた方自身の補償要求額を考えて見るなら自明の理であろう。貴社が真に水俣市民とともに発展することを願うなら速やかに次の諸点を実行することを強く要求する。

1　水俣病患者家庭互助会の補償要求に対し、独自の責任において速やかに全額回答せよ。

2　昭和三十四年十月貴社は前述の秘密ネコ実験で水俣病の原因が工場排液による有機水銀であることを確認していたが、それをなぜかくしていたか釈明せよ。

3　前述の秘密ネコ実験で確認していながら契約書に第五条を入れたことは極めて非人道的行為であるといわねばならない。この点について釈明せよ。

4　サイクレーターは有機水銀、浄化装置としては何らの役にも立たなかったと言われるがなぜそのようなものをつくって世間をごまかそうとしたのか釈明せよ。

5　被害者の医療費は加害者が負担するのが世間一般の常識である。しかるに貴社は水俣病発生以来今日まで水俣病に対する医療費は一銭も払っていない。これまで、水俣病の医療費を始めとする諸費に対して水俣市が支出した全額(一般財源よりの支出八、六九二万円、国民健康保健の負担七三五万円、計九、四二七万円也)を速やかに水俣市に返却せよ。

6　過去十数年来、水俣病をめぐって水俣市民は精神的苦痛、物質的損害を受けたにも拘らず、貴社が当然払うべき水俣病事件諸費を黙々と支出して来た。水俣市民に対し謝罪の言葉をのべよ。

7　右、文書をもって二月末日まで回答されたい。以上日本国憲法によって、基本的人権を有する水俣市民の名によって、抗議し、要求するものである。

昭和四十四年二月十五日

水俣病対策市民会議

会長　日吉フミコ

チッソ株式会社

社　　長　江頭豊　殿

水俣支社長　徳江毅　殿

水俣工場長　佐々木三郎　殿

第七章　チッソへの抗議も許されない

昭和四十四年三月二十日　午後二時十六分　開議

公害対策特別委員長報告

◎議長（広田愿君）　次に公害対策特別委員長の報告を求めます。
公害対策特別委員長淵上末記君。
（公害対策特別委員長淵上末記君登壇）
◎淵上末記君　公害対策特別委員会のその後の活動状況についてご報告をいたします。
委員会は、重要問題である水俣病の補償問題解決に活動の中心をおいたのであります。第一回の委員会を一月八日に開き、公害病と認定されたあとの補償について、委員会としてとるべき方針などを検討したのであります。政府に対して、補償基準の要求などがなされており、議長並びに助役の上京によって、政府の方針などもはっきりするし、帰庁後の報告を持って措置しようとなったのであります。

次に第二回目の委員会を一月十六日に開き、互助会及びチッソの代表者を招き、事情聴取を行ったのでありますが、双方とも公害補償の基準設定が必要であるという意見であったのであります。チッソに対しても早期円満、自主解決するよう要望書を出すべきだという意見もありましたが、この問題は時期尚早との理由で、対策委員会といたしましては、政府に対して意見書を提案しようときめたのであります。これまでの経過については、一月十七日に開かれた全員協議の席で詳しく報告し、ご了解を得ているとのことで割愛させていただきます。

第三回委員会を一月二十二日に開き、十七日の全協において決定をみた意見書案の内容について、相当事情が変わり、訂正の必要が生じましたので、協議を行ったのであります。題名を「公害に関する行政措置についての意見書」とし、いわゆる補償の基準は政府は示せない、そのかわり第三者機関をつくるということであり、「補償の基準等を設定され」を「諸問題」と変更し、当日の臨時議会において、満場一致で可決したことはご承知のとおりでございます。

次に、第四回委員会を一月二十五日招集し、互助会の各省庁に対する陳情の結果について、山本会長から説明を聞いたのであります。このときの話では十月頃には紛争処理法の成立が予定されているが、それまで待てないので、公正な第三者による事実上のあっせん機関を設けるよう努力しましょう。二月中には委員の選定を終えて、互助会に通知するとの説明がありました。

次に二十二日議決された意見書の取り扱いについても協議したのでありますが、その結果意見書をより効果的に生かすためには、上京し直接陳情したほうがいいということにきまったのであります。各省庁に要望する事項について、各課の意見を聴取することになり、一月二十八日第五回委員会を開き、意見書の提出に伴う行政措置についての関係各課から資料を提出させ、説明を得たのであります。これを各項目ごとに報告することは省略しますので、詳細は事務局の公害対策関係の記録をご参照を願います。

二月十七日、第六回委員会を開き、意見書提出に伴う各省に対する措置の結果について報告を行ない、今後の対策を協議したのであります。二月中は事態の推移をみるということで、意見の一致をみたのであります。その後の経過については、新聞テレビ等でご承知のとおり、第三者機関の設置について、厚生省の確約書提出の件が、まだ解決の糸口が見出せないままになっております。とにかく政府による基準設定の要求、第三者によるあっせん機関の設置の問題、続いて確約書提出の問題と円満解決するまでには、なお幾多の問題が残っておるのであります。水俣病の補償問題の円満解決には、公害対策特別委員会としても真剣に取り組み、早期円満解決の方法を見出すだすよう努力しなければならぬ時期でもあり、さらに引き続き継続審査の議決をお願いいたす次第でございます。以上をもって、委員会の活動についての報告といたします。

◎議長（広田愿君）　ただいま委員長の報告がありました公害問題について、ご意見はございませんか。

◎吉海松見君　ただいま公害対策委員長から、水俣病対策の経過につきましてご報告がございました。さる一月に行われた臨時市議会の意見書決議についていささか疑問がありますので、幾つかの点についてお尋ねいたします。

去る一月二十二日臨時市議会におきまして「公害に対する行政措置についての意見書」、特別対策委員長である淵上委員長の公害問題に対する委員会の審議並びに経過内容等につきまして、詳しく報告がなされたのでありますが、全員協議会におきましても、慎重に審議いたしまして、水俣病補償問題につきまして、将来についての論議がなされたわけでございます。議会の名におきまして、意見書を提出するという決議がなされ、政府並びに関係各方面について提出されましたのでありますが、テレビ、ラジオ、新聞等報道機関におきましても、漏れなく報道をなされたことは記憶しております。

その点につきまして、ひとつ、公害対策特別委員長の説明も詳しくなされ、議会録のとおりでもありますが、十七日の委員会におきましても、十分時間をかけ審議をされ、十八日の全協に提出され、全員協議会におきましても、全会一致をもって統一した意見書が、意思決定なされたのであります。さらに二十二日の臨時議会におきまして、村上議員からも、若干の要望をつけ加え、了解を見て賛成と、また元山議員からも意見書に賛成する見解を明確に説明があり、この意見書に賛成するという見解を披瀝してあるわけでございます。提出者であります日吉議員も、自己の考えも十二分に説明され、希望をつけ加え賛成されておることが、この議会録に載っておるわけでございますが、わが党の斉所議員も全協で話し合った問題だけに、意見書提出ということは、賛成であると、記録されております。そこで、本市議会としては、水俣病対策については、各党各派一致いたしまして、関係当局にも当たり、この後についても、その基本線において進むべく、執行部、議会も確認いたしているつもりでありますが、これが何らかの形で、必ずしもそうでないような行動が出ているように感じられますので、その点につき、水俣病対策市民会議会長日吉フミコ氏につきまして、若干お尋ねをいたしたいと思います。

一つ、水俣病対策市民会議会長日吉フミコという方は、現在水俣市の水俣市議であられ、また提案者で公害対策委員のメンバーであられる日吉フミコ氏であられるか、お尋ねいたします。間違いありませんか、同一の方でございますか、人定質問の形になりますが、お尋ねいたします。二つ、同一の人物でありますならば、二月十五日、あなたが会長の名において、チッソ株式会社あての抗議文は、さきに述べました、市議会が統一した意志による公害に対する意見書と、全く相反することであろうと思いますので、私たち二十五人の市議会議員は、水俣市民の代表であり、いろいろな決議も四万二千市民の代表で決議していると解釈しておりますので、この意見書の提出者の一人は、賛成者の一人であるということであろうと思いますので、この点について、まず質問いたします。

◎**議長（広田愿君）** 答弁ありますか。

◎**日吉フミコ君** 特別委員長報告に対する質疑でございましたら特別委員長に尋ねて下さい。

◎**吉海松見君** 市会議員でございますので日吉議員にもお尋ねしていいだろうと私思いますので、日吉議員にお尋ねいたします。

◎**日吉フミコ君** 水俣病対策市民会議会長の日吉フミコでございます。議員とは書いてはございません。水俣病対策市民会議というのは、昭和四十三年の一月十二日に発足したわけでございます。その会長の日吉フミコでございます。それから、もう一つ、チッソの抗議文、チッソに対する抗議文であって、政府に対する意見書と、チッソに対する抗議文は違うと思います。政府に対する意見書について、私が何か言ったんだったら別ですけれども、私は市民対策会長の日吉フミコとして、四十四年の一月十二日市民対策会議発足一周年の総会で、チッソに対する抗議文を出すということが決議されまして、その決議に従って抗議文を出したわけでございます。

◎**吉海松見君** それでは、わかりましたが、日吉フミコ氏は市会議員の同一の人でありますですね、その点を確認しておきます。

◎坂口満君　私も吉海議員と同一意見でございますが、日吉議員が昭和四十四年二月十五に出されたこの抗議文は、チッソに対する抗議文であるならば、チッソに手渡すべきであって、市民全般にわたって新聞折り込みなどにするような必要はないと、私は思います。さらに吉海議員と同様議会の一員としていささか疑問をもつものであります。

私はこれから順を追って所信を述べて日吉議員の反省を促したいと思います。抗議文の中の要求第一項について水俣病患者家庭互助会の補償要求に対し独自の責任において速やかに全額回答せよということであります。これにつきましては、二月十七日に開催された公害対策委員会の席上で、山川議員が日吉議員に質問したところ、互助会にはどんどん出してくれと言われたと山川議員よりも漏れ承っております。

本件について、二月二十四日、私が山川議員より聞いたところによりますと、互助会の中津副会長と山川議員があるところで会われたそうでございますが、そのときに、政府が第三者機関をつくることや、チッソが積極的に取り組む姿勢などについて、どんどん出してくれという意味のことであって、あのような抗議文を出されたことは、全くもって心外だと、山本会長も同意見だと、非公式ながらも互助会としての、日吉抗議文に対する態度表明がなされた。これによって、明らかなように、日吉氏は互助会の真意を踏みにじり、独断専行の態度がはっきりうかがわれてならないのであります。真の水俣病市民会議ならば、全市あげての統一見解に基づき、互助会との密接な連係をとりながら、行動すべきではなかったろうかと、私は信ずるものであります。

さらに、要求の第五項について、被害者の医療費は、加害者が負担するのが、世間一般の常識である。しかるに貴社は水俣病発生以来、今日まで水俣病に対する医療費は一銭も払っていない。これまで水俣病の医療費をはじめとする諸費に対し、水俣市が支出した金額、一般財源よりの支出八千六百九十二万円、国保の負担七百三十五万円計九千四百二十万円を速やかに水俣市に返還せよ。本件についても市当局になんらの話し合いもなく、表面上の数字をそのまま発表し、一方的独断的に要求しているのである。議会人であり、水俣病対策特別委員の一員である日吉氏が、このような独断専行することは、市議会としても容認するわけにはいかないのではないかと、私は思うのであります。さらに第三番目、抗議文、最後の文面、基本的人権を有する水俣市民の名によって、抗議し要求するものであると、ありますけれども、この文面は四万二千市民を代弁しているかに受け取れるが、はたして市民会議の構成人員は何名なのか、一人でも水俣市民にはかわりはないが、社会一般常識からして、市民の過半数の場合は、市民の名において、それ以下の場合は、水俣市民有志の名において、などと表現するのが当然だと私は思うものであります。したがって、日吉氏の表現は、一般市民を欺瞞したものであり、その行為は許しがたいものであると思うのであります。

最後に、水俣病対策市民会議会長日吉フミコとは、一般市民の場合は、何ら疑義はないのでございます。さっき吉海議員が申しましたように、日吉フミコ氏は水俣市議会議員で、しかもこの問題に一番関係のあるところの水俣病対策特別対策委員でございます。その一員である以上、善良なる一般市民の誤解を招くおそれがある、慎重を期さねばならないはずだが、本件については、特に軽率であった点が、十分指摘できるのでございます。

以上、結論として、議員が議会の決定を無視し、一方的な独断専行をやったことは、議会軽視もはなはだしい、その行為は議会として、断じて許すことはできないのではないかと、私は思います。

水俣病市民会議という本質を考えれば、常識的に言って、水俣病患者家庭互助会と、常に密接なる連携をとり、各種機関や団体とも常に意思の統一をはかりつつ行動することが望ましいと考えられますが、その点、大いに欠けていたと私は思います。その証拠として、互助会では、苦しい生活を続ける患者は、一日も早い解決を望んでおり、この現実を理解してほしい、互助会の足並みを乱すことはやめてくださいと訴えているのに対し、一方日吉氏はこれまで苦しめてきた会社や、目をつぶっていた行政機関の責任は、最後まで追及をしなければならないと強調しておられます。

このことが、互助会の足並みを乱す原因であり、円満解決をこじらす原因ともなるのではなかろうかと思うのであります。第三者機関の早期誕生を迎えるのが先決であり、今後の成り行きに誠意をもって対処していかなければならないと考え、日吉議員の強い反省を求めるものでございます。終わり。

◎**議長**（**広田愿君**）　ほかにございませんか。

◎**吉海松見君**　日吉議員に答弁を求めましたが、同一の人物であるというご返事はいただけませんでした。同じ方だろうという想定のもとに、その次の質問に移ります。

公害対策委員であり、提案者の一人である日吉議員が、臨時議会においての意見書の提案者であり、この議場におきまして慎重に審議し、決まったわけでございます。その後数日にしてあいう抗議文を出されたということ、坂口議員が言われたのと重複いたしますが、私も、お尋ねいたします。あまりにも議会を無視した行動といわざるを得ません。日吉議員につきましては、皆さんご承知のとおり、教頭さんをやられた経験の方でございまして、生徒はもちろん父兄の間でも尊敬されておられる方でございます。統一した意見書、公正円満なる解決をすみやかにと、私たちはこい願って、あの意見書に賛成をしたのであります。その後くい違ったあなたの真意を出されたということは、残念でたまらないわけです。

私は昭和三十四年第一回当選のときに、水俣病対策委員として、現在の広田議長もそうでございましたが、水俣病の早期究明ということで、寺本県知事のところにも数回互助会と一緒に参ったわけでございます。

覚えておりますが、そのとき会社から出ておられました市会議員の方は、全然そっちのほうにはそっぽを向いて、私と山岡議員が先頭に立ってむしろ旗を立てて県庁まで、熊本駅から歩いて行ったことを覚えております。その時は旅費もなかったわけでございますので、淵上又次郎、当時の市会議員から五千円の寄付、私が三千円の寄付をいたしまして、何かの足しにということで、つれていっしょに参ったわけでございます。（発言するものあり）売名ということでとどめておきますが（笑声）そいうことにつきまして、この問題は、落選している間も、十分このことを考えてまいったわけでございます。

日本国憲法によって、基本的人権を有する、あなたの行動について、文書の内容からしても、私たち浅学非才の者には解釈できないような文面も書いてあります。たとえば、すみやかに全額回答せよとか、あるいは貴社の行動こそ現代の悪魔というべきものであるというような、非常にむずかしいやかましいことばづかいがなされておるわけでございます。

このことは、互助会の方から頼まれてなされたものでありますかどうか、お尋ねいたしなす。
◎日吉フミコ君　答弁の必要ありません。
◎元山弘君　本人は答える必要がないと言われますので、吉海議員にひとつご質問したいと思います。水俣病市民対策会議がいろいろ行動することを、市議会が押える権限はない。なぜなら日本国憲法で結社の自由、表現の自由、行動の自由を保障されております。これに議員が入っておろうとどうしようと、その点を、われわれ市議会がどうこうするということは、筋が違っているんではなかろうかという見解を持つわけです。その点について、お尋ねしたい。もう一つは、この抗議文ですけれども、どこが間違っておるのかですね、どこが常識からはずれておるのか。百十数名にのぼる患者を出して、四十二名の死亡者が出た。その死亡している家庭というのは、狂い死にしている。あの悲惨な状態、熊大が原因を明らかにしたにもかかわらず、放置されてきた。また熊大がいろいろ原因を出すについて、資料の提供もなく、妨害すらやられておったと、これは入鹿山教授等が、新潟の水俣病裁判の熊本出張中のとき、いろいろその事実を、批判された事実もあります。そういうことをやっていることこそが、悪魔だ。人を殺す、これが、人間の道に通ずるのかと私は考えるわけです。

水俣病市民対策会議が、いわゆる眠った子を起こすなとか、いろいろ中傷されながらも、新潟水俣病が発生して以来、市民や議員の皆さんと手を携えて水俣病の原因を明らかにし、三たび、四たび、このような悲惨な水俣病を起こしてはならないということで運動に立ち上がり、このことがまた市民を促し、また全国的な公害闘争に発展させて、昨年の政府が公害病認定するという成果を出した。再び苦しんできた患者家族が、日の目を見るということに、どれだけ尽くしてきておるか。これは否定できない事実ではなかろうか。また市民がバックアップして、より効果的になし得たことこそが、その力を発揮しておる。これを無視して会社に抗議文を出したから悪い、じゃ抗議文のどこが悪いのか。私はほんとうにそれこそあたりまえな、控え目な要求ではなかろうかと、人を殺した会社に抗議するということは、あたりまえだ。それを逆に擁護するということこそ、常識から逸脱しておると思います。

そういう点で私は吉海議員にお尋ねしますけれども、水俣病市民対策会議のどこに議会が制約を加える根拠が、一体どこにあるのか。水俣病対策会議は幾つかの項目にわたって指摘しておるのがどこが間違いで、なぜそれがいけないのか、この点を私はやはりはっきりし、そして日吉議員を責める魂胆はどこにあるのか、私は逆にお尋ねしたいと思います。

◎斉所市郎君　いまの討論を聞いておりますと、たいへん異に思うんです。元山議員が尋ねておる趣旨というものは、多少とり違えておるのではなかろうかというような気がいたします。これは吉海議員と同じでありますが、抗議文が表現の自由であり、それから議員、あるいは市民会議の使い分けは、自由であろう、そうであるかもしれません。しかしながら、議員として同一人物であり、その考え方というのは、同一でなくちゃならぬというように思います。で、文章のどこに悪いところがあるか。私は悪いといっているのは、そういうものではないというふうに思うんです。

議員としては、意見書を政府に送る。そして問題の解決を早くしてもらおう、そういうひとつの議員としての行き方と、会社に全額回答せよという行き方の違い、考え方の違いというものを指摘しておると解釈します。そういう同一人物であるのがですね、違った行き方をしては困るというような言い方でございます。その点が多少、元山議員の言い方のピントがずれておるのではなかろうかというように感じましたから申し上げます。

また、元山議員は、政府への意見書で、ようやくそのきざしが見えて、実行に移ろうというときになりましてから、これは政府と自民党と会社と結託をしておるというような意味の発言がございました。それは何を根拠に、そう言われるのか。お聞きしてみたいと思っておったのであります。

私どもは、筋を通して全員一致で解決を望もうというときに、こういう発言は、はなはだ迷惑と存じます。柄のないところに柄をつけている、ひがんだ見方をする。いやしくも政府が関係し、第三者機関をつくって、ことを処理しようと公表した以上は、そんなえこひいきのあるものではないというように確信をいたしております。共産党というものは、問題がなければ、成り立たない政党ではなかろうかと私は思います。ものごとがスムーズに運びますと、これにいちゃもんをつけて、もんちゃくをさせる。そしてそのすきに乗じ、人心の機微につけいる、歓心を買い、そうして、混乱を引き起こして、これに乗じて、党の拡大をはかり、ＰＲをはかる、こういうような行き方はやめてもらいたいと考えております。以上。

◎元山弘君　私との論争と、受け取りたいと思います。自民党政府がアメリカや日本の大独占資本を擁護する政党であることは、毎回の総選挙、衆議院選挙、国会などで論議されて、その事実のほどは国民の周知のとおりだと思います。水俣病の公害認定の問題についても、なぜいままで政府は公害認定を遅らせたのか。多くの国民が語るところは、自民党の企業擁護の政策にあります。人命尊重と言いながら、人命を軽視し、公害を撲滅するという立場に立たないところがあるのだ、これは国民の多くの批判の的になっていると思います。

だから、水俣病の公害が九月二十六日に認定された問題についても、わが党はいち早く九月二十九日に、水俣病の政府見解と今後の課題について、その見解を表示しております。この中で、水俣病は公害と認定されたけれども、加害者の責任の範囲を明確にしていない。また、死者及び患者家族への補償、生活治療補償などについても、この時点で明確にされていない。

十数年の月日がたち、公害病と認定する以上は、加害者はどういう責任をとるべきなのだということを明記するのが当然、国民に責任をもつ政治をとるならば、そのことをやらねばならぬ。この一番肝心かなめのところがぬかされ、単に認定して、あとはから手形ということを見ても、いかに自民党政府が住民を犠牲にして、あくまでチッソをはじめとする独占資本の利益を擁護する非人間的な政治的姿勢にたっているかということを世論が批判するのは、いたしかたのないことだと私は考えております。

共産党があたかも何か問題を起こして攪乱するのだ、それが共産党だと、共産党というのは、そういう政党ではありません。党規約に明記しているように、日本の労働者、中小零細業者、アメリカや日本の独占資本から収奪し、苦しめられている大衆を解放する。独占資本の手先となり、従属して国民を苦しめる自民党政府を倒していくことを明確にした、最も建設的な方針を出しているのは、わが党のみではなかろうかと考えております。

それゆえに、最近の事実を見ても、北九州市議会等の選挙の結果を見ても、共産党が大きく前進する趨勢にあることは、自民党政府がふりまく反共宣伝が、いかに国民を収奪することを隠蔽する政策のなにものでもない。そのための反共宣伝だということは明らかであります。

だからこそ、斉所議員が共産党は何かもめかしてと、それで党勢拡大などするんだということは言語道断で、全く逆立ちしたその言葉は自民党政府そのものに返してやりたいと私は断言してはばかりません。

◎議長（広田愿君）　ちょっとご注意申し上げます。ちょうど国会みたいな、党の問題でほんとうはですね、いま公害問題で、水俣病問題で討論をやりおるわけですから、その点について、ひとつ間違いのないようにお願いを申し上げます。

◎吉海松見君　さっき元山議員から日吉議員の先をとられまして返答せろということでございますので、私は国民の一人、水俣市民の一人、水俣市議会議員の一人として、元山議員に回答いたしますが、憲法その他法律上のことにつきましては、専門家ではございませんので、その点は避けましてお答えいたします。水俣市民を代表する市議会の名において、市議会で決議したものを日吉フミコ水俣病市民会議がですね、抗議文を出したということについて、私は質問でございまして、常識の立場に立って私は質問しております。国会論争みたいな形になりますので、私は衆参議院を通じまして、国会選挙におきまして、私たちの支持する自民党の大多数をもって、この日本の政権を長期間あずかっておるということは、共産党にはやっちゃできぬという立場においてなされておるわけでございます。自由民主党に信頼された国民の良識ある見解によって託されておると私は思いますので、その点におきまして、日本国民の一人として水俣の市民の一人として、回答しておるわけでございます。日吉会長の抗議文につきましては、提出者は公害対策委員の一人であります。賛成をなさって自分が賛成をして、公害対策委で練って、議会に提出されたということを、踏みにじって、また議場外ではそういう抗議文、行動されるということは、元山議員と日吉議員がつながっておるようでございますが、ほかの議員にたいしてはですね、私は侮辱した行為であると私は思います。たとえば会議規則、委員会条例で制定された議員としての順守すべき義務を違反した行動であり、他の議員を侮辱したものであると思う。これらに対して日吉議員の見解を求める訳でございます。

また公害対策委員長の報告では、意見書によって各委員の意見を徴し、十分検討をして、ここに提案しますと、なっておったわけでございます。公害対策委員長は、自分の委員会の中もまとめきらずに、うそを言うたのかどうか、公害対策の委員長の見解、またこれに対して抗議文に対して、その後いいことであるか、悪いことであるか、それをどうなされたか、それをお聞きしたいと思います。

まず日吉議員からお願いします。

◎**日吉フミコ君**　政府に対しては行政措置を要望したでしょう、私が政府に対して行政措置を要望したことについて、反対の行動を政府に対して起こしたならば、そいうふうに解釈されてもいいかもわかりません。しかし、チッソ会社に対する抗議をしたのでございます。

◎**吉海松見君**　わかりました。私は公害対策を辞任されてですね、対策委員を辞任されてとられる態度だったならば、私は納得のいけることだと私は思います。再度質問いたしますが、公害対策委員の、申し上げました提出者の一人として出されてそっちではこうだということは二重人格であると、二人の行動をとっておられると私は思いますので、その点につきましてお答え願います。
◎日吉フミコ君　あくまでも、行政措置を要望したのであって、公害対策委員として、行政措置を要望しているから、それでいいと思います。会社に対しては抗議文ですからね、会社に対して抗議文を出すなというような決議も何もしていないわけですね。しかもこれは議員としてしたんじゃなくて、市民会議が、過去一年行動してきた中で、市民会議の総会の決議のもとに出された文書でございます。なお、市民会議以外にですね、こういう会社に対して、水俣病の補償を十分しなければ、また公害が起きてくると、そういうので、「水俣病問題百人委員会」というのができました。熊本県の南端、水俣市は、とりたてていうほどの特徴もないこじんまりとした工業都市です。のちに水俣病と呼ばれることになった。「有機水銀中毒事件」さえ起きなければ、この町は徳富蘇峰、蘆花兄弟の生まれた土地として人々の記憶にとどまったことでしょう。湯堂、出月、月浦、茂道という患者多発地区の美しい海岸線と対岸、天草の島々に抱かれた波静かな不知火の海で営まれていたささやかな漁撈で、この地の漁民たちはその生涯を平穏のうちに送ることができたはずであります。昭和二十八年、水俣病が発生してから、百十一人の患者（うち四十二人死亡）とその家族は言語に絶する苦しみを背負わされ、漁民はその生活を脅かされ、奪われました。患者たちは回復の見込みのない後遺症に日夜苦しめられ、ことに重症者の多い二十人の胎児性水俣病の子供たちは、感覚のほとんどを奪われ、意識すらそぎ落とされた生を余儀なくされております。昭和四十三年九月二十六日、政府は「水俣病はチッソ水俣工場の工場排水に含まれる有機水銀が原因」との結論を発表しました。公認公害第一号患者の発生から実に十五年、熊本大学研究の立証から七年ぶりの政府見解です。この間の患者・家族のありようは、孤絶というに尽きます。企業大事の水俣の市民からはタブー視され、だれ一人として支援の手を差し伸べようとはしませんでした。また熊本県でも、冷たく無関心な世論の風にさらされてきたのが実情であります。去年のことですが、新潟の患者や、その支援団体に誘発されて、おくればせながら、現地水俣に生まれた患者支援、政府と企業の責任追及の声は、やはり患者同様、現地では異端視され、市の発展を阻害するものと受け取られ、封殺されようとしております。閉ざされた現状の中で、十月から始まった患者たちの補償要求は、一、死者に千三百万円、二、患者年額六十万円の年金を柱としたささやかなものでありますが、数次の交渉を重ねても企業はゼロ回答、第三者機関へのあっせん依頼へと動いております。この第三者へのあっせんは、三十四年のあの恥ずべき「水俣病の原因がチッソの工場排水とわかっても一切の新たな補償要求に応じない」という一条を含む、熊本県知事らの手になる「見舞金契約」を苦汁とともに思い起こさせます。われわれは三十四年のあの愚を再び許してはならないと考えます。企業並びに政府は被害者に対して正当にして十分なる補償をなすべきです。その衝に当たる人々は、わが国で初めてのこの公害補償が持つ重大な意義について、十分にして細心の注意を払うべきであります。不幸なことにわれわれはすでに「第二の水俣病」の発生を新潟阿賀野河畔に許してしまいました。われわれは熊本、新潟合わせて二つの水俣病患者に正当にしてすみやかなる補償をすることこそ、政府並びに当該企業の責務であり、わが国にさらに第三、第四の水俣病の発生を許さぬことであろうと確信し、ここにわが国文化の名において強く要請するものであります。水俣病問題百人委員会について紹介しますと、一番上に書いてある荒畑寒村・評論家・熊本県出身、会田雄次・京大教授、石垣純二・ラジオドクター、小田切秀雄・法政大学教授、堅山南風・日本画家・熊本県出身、木下恵介・映画監督、木下順二・劇作家・熊本県出身、そういうふうに百人の名前を連ねてございます。水俣病の補償要求については、私たちが全額回答せよというのでなく第二は起こしてしまったけれども第三、第四の水俣病を防ぐためにも十分なる補償要求が必要だということは日本国中の文化人が、こういうふうに宣言をしておるわけでございます。

◎淵上末記君　吉海議員のほうから、対策委員の委員長の見解はどうかと、こういうご質問がございましたので、申し上げてみたいと思います。

水俣病の問題につきましては、委員会並びに市議会におきましても、真剣に討議されておるわけでございまして、いろいろ日吉議員の問題につきましても、各議員のほうから、この議論が出ておりますす。私、この日吉議員の立場を考えたわけでございまして、この問題には十分私も検討を実は加えたわけでございますが、いろいろこの抗議文そのものにつきましては、この市会におきまして、懲罰をするとか、あるいは制裁を加えるということは、これは自治法の第百三十七条ではっきりしておるわけでございます。議場外における活動につきましては、なかなか制裁ができないというふうなことになっておるわけでございます。しかし、いま議論されておりますこの問題につきまして、われわれ市議会はですね、満場一致をもって、政府にお願いしようと、それに関する諸問題についても、ひとつ善処してもらって、早く解決をしていただこうと、かような意志統一がされたということは、ご承知のとおりであります。

私はこの抗議文を見て、吉海議員並びに坂口議員が指摘されておる、この五項について、一応当局に質して、日吉議員に対してもお尋ねしてみたいと思っておるわけです。いろいろこの趣旨はわかります。市が水俣病について、相当な金を出しておる、市の財政は赤字である、困っておる、何とかしてくれと、その気持ちはわかるわけでございます。私がここでお尋ねしたいと思いますのは、結局この一般の財源から八千六百九十二万円を出しておるということは、これは対策委員会に市の当局が出されたその資料を十分検討をしてみたわけでございますが、国から特別交付税を多額にもらうために、こういう数字が出ておる、そういうふうに私は理解しておるわけであります。

一昨日から、この当局の説明からいたしましても、病院の建築費、リハビリテーションの建築費もこれに包含されておる。そういうものを会社に負担をせいというようなことは、これは筋が通らないと、当然削除すべき性質のものであると、私はかように思うのです。これを見てみますと、約一億一千九百四十二万円という金額であると資料に出ております。いろいろ県、国の補助金なんかを差し引いて八千六百九十二万余円が、市の負担であるというような資料が出された。この資料そのものを日吉議員は、会社がそれだけ損害を与えておるから、会社が負担しなさい、こういうご意見だと私は思うのであります。この八千六百九十二万余円のうちには、私たちこの政府に行って交渉した時に、これには政府から特別交付金が出してある、相当この問題については、金を出してあるから、こういう負担にはなっておらないということを聞いております。調べてみますと、四十三年度において、三千百四十万の特交の金がきておる。水俣病に対する経費を包含して特交は交付されておるということであります。特別交付税をたくさんもらいたい、そういうことは議場において、言いたくないわけでありますが、そういう当局の真意をはき違え、会社はこれだけ負担をかけておるじゃないかという一方的きめつけは、これは私は議員として、対策委員として好ましいことではない、これは取り消してもらいたいと思うのであります。

そういう見地からいたしまして、私がいま申しますこの数字が的確であるかどうか、八千六百九十二万余円というものを、チッソが当然払うべき金であるか、この点をひとつ市当局は、はっきりわれわれ議員に言ってもらって、そして、われわれはその上に立って、この日吉議員についてお話しをしてみたい、かようにおもっているわけでございます。どうか、そういう意味におきまして、その資料そのものが、チッソが当然水俣市に負担をかけておるのかどうか、これに特交が入っておるのかどうか、あるいは入っておらない、この点をはっきりひとつご答弁を願いたいと、思っております。

◎**議長**（**広田愿君**）　暫時休憩をいたします。（二十日午後三時十六分　休憩）

（午後三時二十七分　開会）

◎**議長**（**広田愿君**）　休憩前に引き続きまして会議を開きます。答弁を求めます。

（「議事進行について」という者あり）

◎**総務課長**（**緒方昌治君**）　ご質問にお答えいたします。水俣病に対する市の支出金の内訳明細でございますが、これは水俣病の発生当時から、毎年特交請求の時点にその請求書に掲げたものでございます。したがって、特別交付税の性格上、請求をした金額と受け取った金額との内訳明細については、何も示されておりません。かりに毎年特交がゼロであったとしたならば、こういうことになると、こういう資料でございますので、ご了承願いたいと思います。

◎小柳賢二君　この重大な補償問題について、拡大解釈されましてややもすると、ピントをはずれた発言もあったようでございますが、市議会においては執行部とタイアップし、打って一丸となってこの本問題の公正な、円満早期解決をねらって努力を続けておるわけでございます。別派行動はあまり好ましくないというようなこともございますし、反省すべきは反省し、お互い議員として、市民の代表として、議会できまったことについて、なお執行部と協力して、早期解決に努力するよう奔走せねばならぬと、かように思うわけでございます。

まだ議会議員のうちでは、発言を求める人があると思いますが、要は気の毒な互助会の患者の人たちのためにも考えなくちゃならぬし、まあ会社の五ケ年計画も遂行できるように考えなければならないし、いずれにしても、いろいろ異論はございましょうが議会においては、申しあげますように、早期解決ができるように、ひとつ最善の努力をすることが、主体であると思うのでございます。そこで、時間もかかるようでございますので、おのおのこれから先は、その一点に集中して、努力を続けることを、ひとつご検討いただきまして、本問題については、この辺で一応打ち切っていただきたいと思います。

◎村上実君　ただいま、小柳議員からご発言がありましたが、行き方としては賛成であります。ところが、ただいままで、いろいろお話を聞いてまいりますと、たいへん双方の自民党からのご意見が多少無理なご発言があっておるように考えられますし、多少意見を加えて申し上げておきたいと思うんですが、公共の福祉に反しない限り、また公序良俗に反しない限り、かつまた乱用にならない限りですね、憲法によって言論、表現、結社の自由が保障されております。

　そこで、市民対策会議が、独自の活動をされたことに対して、何を根拠に制裁を加える筋合いがあろうかと思うわけであります。しかし、そういうことを議論しておりますと、先ほどから小柳議員からのご発言がありましたように、無益の論争に時間をつぶすというマイナス面がございますので、議論を避けようと思います。院外における活動について、著しく議会の対面を汚し、また議会の権威を失墜するようなことがあれば、適当でないと思うのであります。発言の中には、［日吉議員の行動は〔編者注〕］議会軽視もはなはだしいという趣旨の発言がありましたがこれこそ、拡大解釈乱用のおそれがあると思うのであります。

　先ほど、水俣病特別対策委員長の淵上議員からの発言もございましたが、特別対策委員会で、水俣病市民対策会議の行動について、抗議文を出してはいけないぞというような決議が、水俣病特別対策委員会の中で論ぜられたとすれば、別であります。

　聞くところによりますと、水俣病特別対策特別委員会では、市民会議が、会社に対して抗議文を出していかぬという決議をしたということを聞いておりません。特別対策委員会としても、注文をつけられる筋合いのものではないとの判断をいたしております。市民会議が、独自の判断で出したビラ等についてよしあしを、本会議で論じ合うということは、これは適当な方法でもないというように考えます。この種の問題について、議論しあうことは、あまり得策でもないと判断いたしますので、小柳議員の言われるとおり、もうここらあたりで、この議事を打ち切っていただきたい、かように考えるわけであります。（「議長、議長」という者あり）

◎議長（広田原君）　だいぶ先ほど休憩前からですね、論争がありまして、（「いまの問題ね」と言い、その他発言する者あり）このことについてまたやりますと、非常に時間が食うと思います。（「九時までやらせ」と言う者あり）

◎淵上末記君　村上議員のほうから、いろいろまあご意見があったわけでございまして、私もあまりこの追及ということは、どうかというふうなことは考えております。議長のそういうお話もございますので、できるだけ議場外の行動であるから、ある程度遠慮したほうがいいと、かように実は思っておったわけでございまして、ただいま村上議員の意見を聞いてみますというと、結局議場外ではどうしようが、発言の自由なんだということを、ご発言になっておるわけでございます。ご承知のとおり、現在国会でも、いま論議をされております、源田［実（編者注）］参議院議員が、アメリカで発言したそのものにですね、非常に社会党は攻撃をしている、こういうようなことでございまして、われわれ議員というものは、結局議会の外においての発言は、懲罰の対象にならないけれども、大いに慎んでもらわなくちゃならない、かような問題については、この言論の自由何もかんもいいというようなそういう暴言は、私は許すべきではない、かように思うわけです。

いろいろ当局の説明を聞いてみますというと、あの問題については、特交のほうは全然ゼロにしておるというふうなご答弁でございまして、私は数千万円というこの価格が特交で流れておると、これは間違いのないことでないかと思います。そういうことにしますならばですね、日吉議員が、あの金額を明示された、そういう金額なんかのことにつきましては、十分慎重の上にも慎重を加えて、人に何と申しますか、誤解を招くというふうなことになるわけでございまして、私はその金につきましても、病院の建設費も入っているし、いろいろ旅費その他も含まっておりますし、これは分離すべき線が、非常に多いわけでございます。

そういうことからしましてですね、日吉議員が出したあの抗議文というものは、絶対当たっちゃおらない、私はそういう意味からしてですね、そういうことは訂正する、そして、私はこういうようなものは、市民にわびるもんだと、かように思うのでございます。そういうような、自分がやった行動について責任をもたないということは、議員として本当に恥ずべきことではないか、かように思うのであります。追及をいたしませんけれども、そういうことについて、次のビラなんかでも十分ひとつそういう意味を発表されて、金額は間違いでございましたというふうな態度をとってこそ、私はこういう議場で正々堂々と論議する資格があると、かように思うのでございます。そういう意味からいたしまして、村上議員もこの程度でやめたいというふうなことでございますので、一応打ち切りますけれども、一日も早く市民が願う円満解決を希望して、努力することを誓って、この質疑をひとつ終わらせていただきたい、かように思います。(「議長、議長」と言い、その他発言する者あり)

◎**議長(広田愿君)**　もうですね、これはですな、(発言する者あり)ちょっと待ってください、ちょっと待ってください、この公害対策特別委員長の、報告の趣旨はですよ、……特別委員会を次の議会までに持っていきたいというのが趣旨であって、いまあなた方が論議されておることは、少しはずれておると、私は思うんです。そういう面からして、ここでひとつこの採決をいたしたいと思います。(「賛成」「議長、議長」と言い、その他発言する者あり)

◎議長（広田愿君）　この案についておはかりいたします。委員長の報告は、本問題をさらに閉会中の継続審査とすることにご異議ありませんか。（「異議なし」と言う者あり）
◎議長（広田愿君）　ご異議ないようですから、公害問題については、さらに閉会中の継続審査とすることに決しました。

二十日　午後三時五十分　　閉会

エピソード7　第三者機関に白紙委任

国が公害認定したものの補償をめぐって患者家庭互助会の苦悩は続いた。チッソとの自主交渉が繰り返されるが、らちがあかない。そこで国や熊本県の寺本広作知事にあっせんを依頼する動きがでる。園田直から交代した斎藤昇厚生大臣はしりごみ。県知事は「今はその時期ではない」と断る。そこで登場してくるのが第三者機関の設置案。水俣市と議会、患者、チッソに頼まれたからとして登場してくる第三者機関の設置案が電話で患者家庭互助会に伝えられたのが昭和四四年二月二八日であった。

市の衛生課長が厚生省にいて、市庁舎にいた総務課長に電話で連絡してきたことが市議会のやりとりでその後、明らかになる。その日、日吉は事実関係を質したいと総務課長を探すがいない。それで元山弘（市民会議・共産）に総務課長を探すように頼んで山本亦由会長宅へ、松本勉と二人で出かける。ちょうど互助会の交渉委員会が開かれていた。元山も後からきて、厚生省の案を見せてくれるよう頼んだが、互助会のことだから見せられないと、断られた。

そんなやり取りを聞いていた交渉委員の中から、見せていいじゃないかという声があがる。山本会長がしぶしぶ見せた。第三者機関の設置案のコピーで「第三者機関が出した結論には異議なく従う」と、はっきり書かれていた。「これは白紙委任状だ。三四年の見舞金契約のようなものですばい。これは仲裁で、これに印鑑おせばにっちもさっちもいかんごつなるですばい」と言ったところが、交渉委員の中から「やっぱりそげんじゃろが」という声が出た。

その夜一一時ごろ、日吉宅で市民会議の会合を開いていていたら、朝日新聞社の中原孝矩記者が「互助会は総会を開いて、明日上京するらしい」との情報を伝えてくれた。

達ちゃん（当時の合化労連新日窒水俣労組教宣部長・岡本達明）がそれを聞いて「今から全部散って、患者家族を集めよう」という。もうどこも寝ているだろうが、事は重大。たたき起こして集めようということになった。県境を越えて鹿児島県の米ノ津、湯堂、茂道の患者家族を起こして茂道の牛嶋直さんのところに集まった。話が終わるころはしらじらと明けかけていた。その日は三月一日で湯堂の松永善市さん方で、互助会の総会。

総会に出られない人達の委任状まであずかってきていたが、「委任状は認めない、互助会だけでやるから出てくれ」といわれた。外に出てどうしたものかと気をもんでいたところ、助役、総務課長、議長、市議会公害対策委員会の正、副委員長の五人がきた。示し合わせていたものらしい。「はいどうぞ」ということでご一行はつかつかと入って行く。互助会だけでやるといいながら第三者を入れるのはおかしいじゃないかといいながら、我々も中に座り込んだ。

市側がいうのは「第三者機関は偉い先生ばかりでやられるのだから、決して悪いことはせらっさん。第三者機関に任せたらどうか」という説得だった。

総会は騒然となった。「また茶わんをたたき落としてくるっとか」と、悲痛な叫びにもにた声が互助会員の中から次々と出て結局、上京計画はつぶれた。

（編　者）

第八章　あっせん費用、水俣市が立て替え

昭和四十四年五月二十七日　午前十時三十七分　開議　午後四時三十六分　閉会

日程第七　議第三七号

昭和四十四年度水俣市一般会計補正予算

◎議長（広田愿君）　質疑、ご意見はありませんか。

◎村上実君　総務課長提案の四百八十万円についてお尋ねします。この問題では最初は仲裁とか調停とか言われた。そういう機関が作られる。その費用を厚生省は出す気がなくて市に負担を求めた。市や患者から頼まれたからお世話した。頼んだ側が負担すべきだが、患者からとることはできないから市が出すべきである。その後、市が一時立て替えてくれないか、後で特別交付金で市の負担が少なくなるように善処すると変わってきたなどと事情が変わっているように思える。議会が国に行政措置を講じていただきたいと意見書を出してから、今日現在、状態は変わって来ております。政府が行う調停か仲裁か知りませんが、一任するという形。承服できないというので裁判に持ち込むという方々とに分離されております。一任する側のためには努力もするが、訴訟する側のためにも努力していただけたのかどうか。一任も訴訟も水俣病補償問題を解決するための方法であります。同じ市民に対して公平に努力していただけると思っておりますがどの程度の努力、ご苦労があるかについて説明を求めます。

◎市長職務代理者助役（渡辺勝一君）　四百八十万円を目安として補助の三百万円と百八十万円にわけたものです。行政措置を求める意見書などで議会の意思ははっきりしていると思っているわけです。訴訟なさる方のほうではあまり市役所にもおいでにならない。議会の意向というものを考えただけで、どうこうと考えているわけではありません。

◎村上実君　意見書では、公正円満に解決するための行政措置を要請したもので、裁判や白紙委任のことも想像していなかったと思います。結論に異議をはさむ余地がなくがんじがらめの一任をするとは予想していなかったと思いますがご見解を承りたい。

◎市長職務代理者助役（渡辺勝一君）　意見書の要請をうけて厚生大臣は第三者機関をつくり調停にあたりたいということですから、意見書の趣旨は貫かれているわけでございます。

◎村上実君　人選にも、結論にも文句がいえない一任と、裁判を比べてどちらが公平だと思われますか。

◎市長職務代理者助役（渡辺勝一君）　千種達夫委員は必要があれば、水俣にもでかけ患者、県や市当局とも会いたい。あっせん案を出すことより会社、患者側の意見を聞きながら歩み寄りをしてもらい、納得していただきたい、と話しておられます。公正妥当な結論が出されるものと信じます。

◎村上実君　討論しようとは思いません。

◎議長（広田愿君）　やってもいいですよ。

◎村上実君　四百八十万円でたりるのか、不足するのか、あいまいである。また、一任する側にはこれだけの金をだすが、訴訟する側には出さない。解決する方法こそ違え、同じ市民に不公平にならぬよう配慮をすべきでは。
◎市長職務代理者助役（渡辺勝一君）　第三者機関にできれば互助会全員が参加して解決をはかっていただきたいとお願いしたい。一任派のほうは市が一時立て替えるという意味において、裁判のほうにまで考慮する考えはありません。
◎元山弘君　第三者機関とはどんな性格のものですか。私的なものか、公的なものか。どう認識されていますか。
◎市長職務代理者助役（渡辺勝一君）　厚生大臣の委嘱をうけ内閣の承認を受けた公的な機関であると考えます。
◎元山弘君　公的機関とするなら、委員の費用は当然国が出すべきではないか。市が立て替えるといったり、政府がだすことを期待したいとか、あいまいな答弁だ。
◎市長職務代理者助役（渡辺勝一君）　裏づける法律がまだないわけです。費用についてもやむをえないものがあると考えます。
◎元山弘君　患者家族の二十九世帯が、第三者機関は公正な機関ではない、信じられないと承服されなかった。卑劣な確約書、委員も任せる、出た結論にも従え。あいかわらず強権力でつくられてきている。確約書の案文はどこが書いたのか。
◎衛生課長（山田優君）　二月二十六日、厚生省の庶務課長同席の場所で、武藤公害部長からコピーしたものを、私が直接いただいております。会社から出たとは聞いておりません。
◎日吉フミコ君　国会議事録を読ませていただきます。武藤公害部長のいわれたことですが「私が全部文章を作って患者の代表に押しつけたわけではございません。市の幹部の方、患者の代表の方と三人で相談して文章は工夫したわけです」と。これはどんな意味ですか。
◎総務課長（緒方昌治君）　確かに互助会の正副会長、衛生課長、私が厚生省と電話でやりとりして文言の推敲を重ねて作っていただいた、ということです。
◎元山弘君　国会の議事録によりますと、会社が厚生省に出したものをうけて、市当局にしめしてこられたもので、印鑑を取らせるといういきさつを、武藤公害部長が答弁しておるようです。
◎日吉フミコ君　一月二十二日の臨時議会まではですね、全く互助会の皆さん方の考えは一致しておりました。議員の皆さんの考えも、何とか早く解決してやらなくちゃならないということは一致しておったと思います。互助会の人たちは、一月二十日、渡辺栄蔵さんも一緒に厚生省に行っておられるわけです。
　疑問点が出ましたのは、二月十二日の新聞でございますが、熊日にも、朝日にもですけれども、知事が帰ってきましてですね、上京中だった寺本県知事は、十一日帰任、水俣病補償をめぐる問題について、厚生省は仲裁機関をつくりたい意向のようだ。三十四年の契約は白紙に返す、第三者機関の決定には従う。仲裁機関である。仲裁ということばが、ここで出てきたわけでございます。調停ではなくて、仲裁だということ。私たちは患者の方達が心配されますので、研究をしてみました。

　調停と仲裁というのは、どこが違うのかということで、勉強をしてみましたところが、仲裁というのは、決められたことには従わなくちゃならないと、異議は申し立てられない。仲裁の場合は、必ず皆さん方の印鑑をとります。あっせんの場合は印鑑は要りませんと。弁護士の話でございました。大変心配しておりましたところが、二月二十八日の時点で、契約書に印を押しなさいということが、急遽決まったわけでございます。十五人の委員の中の六人は、もうすぐ異議なく、印をついておられました。ほかの九人は、これはおかしい、やっぱし仲裁ということばは、この前、聞いとったが、こういうことで印をつかせるのはおかしいと。自分たちは、あっせんを依頼したのだから、あっせんをもう一度頼もうじゃないか、そういうことがありました。三月の一日に総会がございましたときに、第一回の総会のときにきめたことは、一番目は自主交渉をする。二番目は、あっせんを頼む、自主交渉。あっせんができない場合、三番目は裁判をするという、この三本の柱をちゃんと立てておった。

ところが、自分たちが頼んでいたのは、あっせんだったのに、仲裁というような、確約書を書かせるということは、非常におかしい。総会の中では、そういう意見が非常に強かったので、それじゃ、もう一度、厚生省にあっせんということで頼もうじゃないかということに、三月一日の総会では決定したわけでございます。

三月三日、厚生省に電話を入れました。電話を入れられましたらですね、あっせん依頼状ではだめだ、そういう電話の返事でございました。社会党の国会議員の田中寿美子さんと阿具根登さんが来られました。その席上に弁護士もおられましたので、その話をしますと、あっせんならば出してもらったのには従わなくてもいいんだから、そんな印鑑は要らない。印鑑をとるということは、やっぱり仲裁ということを考えているからだ、そういうことを言われまして、そのことを、はっきり確かめてくださいと、私たちは頼んだわけでございます。そうしたら、三月十九日の参議院予算委員会の議事録でございますが、田中寿美子議員が、「私たちが厚生省に水俣病にかかる紛争処理をお願いするにあたりましては、これをお引き受けくださる委員の人選については、ご一任し、解決に至るまでの過程で、委員が当事者双方から、よく事情を聞き、また双方の意見を調整しながら、論議を尽くした上で、委員会が出してくださる結論には、異議なく従うことを確約しますと、こういう文章を書かして、そうして署名捺印を指導していらっしゃる、こういう実情ですね」。そこだけ読んでみますと、こういうことです。

国務大臣斎藤昇君「そのとおりでございます」

田中寿美子君「これは非常に重大だと思うのです。人選も全部まかせ、その結論も全部異議を言わない、つまり白紙委任を出させるのですね」

国務大臣斎藤昇君「初めから、そういう約束で、そういうことにいたしますから、ひとつやってくれませんかということです」

こう言われておるわけですね、だから全く白紙委任ということが、どこかの時点で、きまったということになっているわけです。そういうことのいきさつからしましてですね、意見が二つに分かれたわけでございます。

もう一つ。これは三月十七日の県議会総務委員会で、藤本企画部長に、長野県議が尋ねたことでございます。六項目尋ねておりますから、読んでみますと、

「県は確約書のことを知っていたか」

「あの確約書が出された時点で承知しました」

それまで知らなかったということです。

「どんな方法で連絡したか」

「厚生省が市役所を経由して互助会に伝達しました」

「確約書は、だれに提出するのか」

「厚生大臣に互助会が出すものと思います」

「公文書で出ているのか」

「公文書は出ていません」

「私法上の契約であると思うがどうか」

「そのとおりです」

「印を押して確約書を出せば、異議があったときでも、争う余地があるか」

「ありません、内部ではいざこざがあるでしょうが」

と、藤本企画部長は答えております。こういうことからしまして、どうも公平、公平とさっきから言われますけれども、やっぱり出た結論には異議なく従がわなくちゃしかたがないということになるんじゃないかと、そういうことで、患者の方たちも、非常に心配されまして、結局意見が二つに分かれたということになります。

もう少し、確約書のことについて。私も五月十二日に武藤公害部長と森中参院議員の部屋で、田中寿美子議員、森中議員、それから私、長野県議、渡辺栄蔵さん、その人たちが会いましたときに、聞いたことでございますけれども、私が記録しておりますので、そのとおりに読んでみます。そのときは、ちょうど五百万円のことが新聞に載っておりましたので、まず五百万円のことから聞いたわけでございます。そのことを聞きますと、武藤公害部長は「市が一月頼みにきたとき、厚生省には金がないので、金は市が考えてほしいと、はっきり言ってあります。厚生省としては、予算要求をされないし、法に基づいていないので、予算要求はしたこともない」「厚生省が公害認定をし、第三者機関をつくってやるのだから、当然予算計上して金をだすべきではないんですか」と、私たちは言うたわけです。

「厚生省として、法に基ずいてやるのでないから、出せない。そのことは、初めから市当局にも、議会の人にも言ってあります」

「市当局は、初めから金が要ることは、承知していらっしゃたのですか」

「お願いに何回もこられるので当然承知しておられます」

「金額はどれだけですか」

「はっきり明示はしないが、当面五百万ぐらい必要だろうと言ってあります」

「当面といわれると、まだ多くなることもありますか」

「長くかかれば多くなるが、早くなることもあり得る」

今度は契約書の問題になって、渡辺栄蔵さんが、さっき私が言ったようないきさつを詳しく申しました。

「私たちは、何も争うのではありません。あなたたちに一任しようと思ってやってきたところが、あなたたちが、自分たちが頼まなかった確約書のようなことを押しつけて、異議は言われないようにしたから、意見が二つに分かれたのですよ。そして裁判に頼むほうが、一番公平な手段ではないですか、そのことは、厚生大臣に一番初めに、言いに行ったときも、厚生大臣は、民事的なものだから、裁判でやるのが一番いいと、そのときは言われた。けれども、まあ裁判はしないというような、いろいろな話がありましたり、裁判はしないという約束をある人からさせられたり、いろんないきさつがありまして、どうぞ厚生省で何とかしてくださいと、一生懸命にお願いしておりました。

そして、意見が分かれたけれども、自分たちは一番公平な裁判に頼もうと思っている。四月五日の総会のときに、会長が会員全員をまとめようとしないで、もうおれは知らぬ。ぬしどま、これに印を押さぬなら、もうおれは知らぬ。そして自分のうちで総会を開いているのに、自分のうちから逃げ出したんですよ、会長たるものは、会をまとめるために、全力を注いで愛と忍耐と努力をしなければならない」

これは渡辺さんが言われたわけです。

ところが、そういうことは、一向しないで、自分のうちから飛び出して、おれについてくるものは、ついてこい、そしてついて行った人は、十四、五人でした。あとの人はみんな残って、もう一度考え直してくれ、みんなの行動がまとまるように、もう一度自主交渉を初めからやり直そうじゃないか、自分たちの力で解決しようじゃないか。なぜならば、四十三年十二月二十五日の会社との交渉のときに、めどがつかなければ、三月末にはめどをつけます、ということを会社が言っている。そういう事実があるので、それで自分たちが自主交渉すれば、なんとかめどはつけられる。だから、自主交渉しようじゃないか。それがずるずるべったりにいったのは、後で会社が基準を示してください、あんたたちも頼みに行きなさい、第三者機関をつくってください、というような、会社のペースで引きずられていってしまった。だから、互助会は、はっきりここで自主性をもう一度取り戻して、初めから交渉をし直そうと、がんばっております。けれどもそれに耳をかさず、互助会会長たちは、四月五日の総会の晩に、最寄りのところに書類を持って行って、印鑑をつかせましたよ。そして、その中での話が、千三百万は取れぬかもしれんばってん、九百五十万は取ってやる、そういう話もされたということです。またあるところに行っては千三百万取ってやるけん、そんなら、もし取られぬときにはどぎゃんすっとですか、そのときには、会長が立てかえると、こう言うとる。そんなら、会長はあそこに自動車に待っておんなはるけん、会長ばつれちきなっせ、ある人が言うたところが、そのまま逃げて行った。それで私は印はつきませんでしたと言うた人もおりました」と。

渡辺栄蔵さんが、はっきり武藤公害部長に、そういういきさつを話されましたら、武藤公害部長は、あ然としたような顔をしておられました。私たちは、そのときに武藤公害部長に言ったんです。「国が認定されて、こういう問題が起きてきましたので、どうぞ国がその費用は全額出してくださるように努力してください。水俣市は、水俣病の発生によって、お金をたくさんつぎ込んでいますし、財政的に苦しんでおりますから、何とかそこを努力してください」と、長野県議も私も一生懸命に頼みました。そうしたら「それは私も一生懸命に努力をしましょう」とさっき言われたように、

「自治省とも、大蔵省の課長ともよく話をして、なるべくそういうふうにします」と、言われた

わけです。水俣市の立て替え分がはっきり返ってきますか、私もまた園田厚生大臣がおっしゃった付添料を、みんな出すという話からしましてもあれを聞いたら半分ぐらいしか、やっぱし出ておりませんけれども、そういうことを考えると、皆、あなた方が約束された、されるということは、非常にあやしい。だから、もっとしっかりしてください、そして、全部国が持つように、ひとつお願いします、そういうふうに言いました。そうして、第三者機関にあっせんをお願いしている人たちは、不満であれば、裁判もできると、あなたたちが言われたそうですが、と言いましたら、「それはできるでしょうと思います」と、

そう言われたので、長野さんが、

「私たちは、たくさんの弁護士に聞いたけれども、もう判を押してしまえば、あなたたちはできるとおっしゃるけれども、裁判所がそれを取り上げない。そういう話ですが、それはまた法律上の契約にもなるので、そういうことはできないということです。あなたはどう思いますか」と言われたら、

「私は裁判官でないから、そのことはわかりません」

「裁判をする人たちをどう思いますか」

「あたりまえと思います」

それから、それでは第三者機関のほうの人たちは、市も金を出すと言いますし、政府もあなたたちが、そんなにして努力して出してやるとおっしゃいますが、あたりまえと言われるなら、裁判をする人たちの費用も出していただきたいと思いますが、と申しましたら、それは、また法のもとで

平等であるので、両方に同じような取り扱をしなくちゃいけない、というようなことを申しましたら、

「そのとおりだ、市に要求してください、別個の取り扱いをするのはいけません」

訴訟するものを、まま子扱いにしてはいけませんよと、申しましたら、

「当然のことです、だから、市がそういうことでお金がいるということで、要求してこられるならば、私たちも何とか、そのことで努力しなくちゃなりません」と、
こういうふうにおっしゃったわけでございます。それで、やはり、もう一度さっきの助役の初めのことばに返りますけれども、助役は、裁判に要する費用は、国がみるのでと、さっき言われました。第三者機関は国がみないので、市が当面立てかえないと、しかたがない。国がみるように、同じ市民でございますので国にも出すように、市も要求してほしい、市がださなくちゃならないならば、同じ、訴訟派の人にも出してほしい、そのことはどう思っておられますか。

それから、もう一つは対策委員長にお尋ねをいたしますけれども、四月二十六日の公害対策委員会では、全員そろっておりました。その中で、衛生課長や総務課長、それから議長、いろんな方がいままで政府に陳情に行かれたことを、いろいろ話されまして五百万の問題がまた出ましたけれども、そのことはまあこういう話だったと、だから了解してほしいという話で、はっきり結論は出ませんでしたけれども、私はその後に、こういうことを言ったわけですね。市民ですから、両方とも平等に取り扱ってください、そのことを議長、ここで確認させてくださいと、私は言いました。そのときに、議長はみんなを見ながら、皆さんいいですね、とおっしゃったわけです。そしたら、全

議員が、はいとおっしゃいました。
◎議長（広田愿君）　静粛に願います。
◎日吉フミコ君　それでですね、議会でもですよ、両方を平等に取り扱わなくちゃならないということは、はっきり公害対策委員会として決められたわけでございます。そのことを、助役はどうお考えになりますでしょうか。
それから、さっきの（松本充君「議会にははかっていないね」という）公害対策委員会で、さっきのことも何回でも公害対策委員会でこうきめた、こうきめたとおっしゃいますでしょう、だから公害対策委員会で四月二十六日ですね、平等にしようという、こういうことでございます。各議員も、市民ですから、全部のものが、同じ市民ならば、平等に扱うのが、私はりっぱなことだと思うわけでございます。
◎議長（広田愿君）　答弁を求めます。
◎市長職務代理者助役（渡辺勝一君）　裁判のほうの費用についてのご質問でございますが、裁判の費用などに困る人がいた場合には、現在の制度では、法律扶助制度というものがあるはずでございます。そういうものによって、弁護士の費用とか、何かは一時立て替えになるのか、よく私は具体的なことは知りませんけれども、そういう救済制度として、法律扶助制度があるということを聞いております。こういうものを十分ご利用いただくことによって、裁判はまあ推進できるのではないかと思います。それから、裁判のほうにも補助というふうなことでございますが、これは先刻来申し上げますように、あくまで立てかえということであってですね、やはり市民の負担になることでもありますれば、そして、議会の意思が一月二十二日の議決以来、やはり裁判は極力これを回避して、第三者機関によって、解決したいという議会の意向は、はっきりしておると思います。ですから、私はいまの時点では、これはあくまで、この予算の原案でもってお願いするほかないと、こう考えます。

（「議事進行、採決、採決」と言う者あり）

◎**村上実君**　意見を加えて質問しょうかと思いますが、助役は一月二十二日の議会にたいへんこだわっておられるように思います。

当然執行部としては、議会を尊重なさる立場ですので、しごく当然とは思います。助役の気持ちもわからぬじゃございません。そこで、少し意見を加えますと、一月二十二日の臨時会で淵上特別対策委員長の提案説明をすなおに解釈をしてみると、第三者機関による調停機関を二月中につくると、そういうことを望んでおるという、ご説明があっておるわけですけれども、調停のなかに、仲裁というものは、含まれていなかったはずであります。議員の認識では。その当時裁判するとか、裁判しないとか、あるいは調停するとか、あるいは仲裁に持ち込むとかいうことも当然予測はしていなかった。ここで一般的に論ぜられたことは、淵上特別対策委員長がおっしゃったことは、調停という文言を使っておられます。だとすればですね、今日進められておるのは、明らかに仲裁であります。だとすれば、一月二十二日の議会における意見書は、こういうものの意をくんで、意見書になってきたというようになるわけでありますが、助役はそのとおりおっしゃったわけですけれども、私もそのとおり解釈をしとうございます。だとすれば、仲裁は、もともと、そのとき考えていなかったということになります。それから一月二十二日の時点においては、先ほど何回もお話がでましたように、互助会は一本でありました。その後、二つの方法をお選びになったわけでありますが、それは一任なさろうと、あるいは法廷で争われようと自由であろうと思います。ただお金を出し惜しみする考えは毛頭ありませんが、問題は同じ市民であり同じ問題の解決で方法こそ違え差別する事は絶対まかりならぬという見解を持っております。

このような意見を付けてこの問題についてはは賛成をしたいと考えます。

エピソード8　議会に押しかけた男たち

昭和四六年一一月といえば、訴訟派の患者家族が熊本地裁に提訴して二年半が過ぎたころでした。そのころの水俣市内は水俣病事件をめぐってチッソ擁護派市民団体に限らず、各種団体から認定患者や市民会議へのひぼう中傷のビラ、それに対する訴訟派・市民会議の反論が数日置きに新聞に折り込まれ騒然とした空気の中にあった。そうした水俣の雰囲気の中で起こったのが、一二月議会開会中のある出来事でした。

斎所議長が私を呼んで、「面会を求めて男たちがきている。入れ墨をしたような男たちだが会うか」と言われたので「会いましょう」といいました。「女一人で恐ろしゅうはなかか、危ないから私が立ち会ってもいいよ」「いいえ。大丈夫です。一人で会います」

議会事務局に行ってみますと、屈強な男たちが一二、三人立って、私がくるのを待っておりました。「日吉でございます。ご用件は何でしょうか」。私は立ったまま穏やかに頭をさげ丁寧にあいさつしました。そして手を後ろ手に組みました。

男たちは「あんたはどげんしようと思うとっとか。あんたが水俣病やるごつなってから、魚も売れんごつなってしもうて、仕事も減り、旅館も客がこんごつ（来ないように）なってしもうた。水俣ばどげんするつもりか」

私は静かに尋ねました。「あんたたちは何とか生きていけるでしょうが。胎児性の子供たちは一人では生きていかれんとですよ。胎児性の子供たちがあんたたちの子供だったらどげんしなさっとですか。私は胎児性の子供たちのために命を賭けています。私に不満なら殴るなりけるなりしてください……」

男たちは私がビクビクするとでも思っているらしかったのですが、夜中に脅しの電話がかかったり、雨戸が破れるようにたたかれたりして慣れていましたので、かえって落ち着いていました。

短い時間の中で、大の男たちを相手に女一人で対処するには凛とした態度で静かに応対したのが効を奏したようでした。男たちは抗議文も出さず、暴力も振るいませんでした。ころ合いをみて、斎所議長がやってきました。「もうたいがいで良うなかかい」。議会開会中に、議員に万一のことがあればと思ったのでしょう。男たちはだまって帰っていきました。


（編　者）

第九章　第三者機関にだまされる

昭和四十五年六月十七日　午前十時六分　開議　午後十一時五十三分　散会

日程第二号　日程第一

一般質問

◎議長（斉所市郎君）　休憩前に引き続き会議を開きます。

◎前嶋昭光君　一応いろいろお答えいただきましたが、もう少し関連して質問をしてみたいと思います。

まず水俣病補償について、市長のお話を聞きますと、大体現況の状態がわかったわけでございます。私たちは新聞報道あるいはテレビ等の報道によってだけ現況を察していたわけでございます。その現況を報道においては、真実性の点において差があるように、感じたわけでございます。特に補償の交渉をなされる場合、その交渉の段階におきましても、患者の代表、あるいは会社と自主的に行われた。処理委員会やあっせんに当たられた方が、患者を犠牲にして、チッソの味方のみやられたんじゃなかろうかというような疑念も持っておったのでございますが、ただいま市長の報告によりますと、患者を主体として強くチッソ側の道義的責任を追及されていたというような事実を聞きまして、非常にありがたく思うわけでございます。このあっせんの効果は、双方がほんとうに理解して結ばれた契約でありますならば、私たちが安いとか、高いとか、批判する問題でもなかろうかと思い、あっせんが成立したことを心から喜ぶものでございます。また弔慰金につきましても、十年以内に死亡された方については、さらに死亡後にも、その一時金を追給される、贈られるというようなことにつきましては、非常にあっせんの妥当を喜ぶものでございます。この調停にあたり市長が患者の立場に立って、患者の身がわりとして交渉をしていただいたことにつきまして、深く感謝を申し上げます。終わります。

◎議長（斉所市郎君） 次に日吉フミコ君に許します。

（日吉フミコ君登壇）

◎日吉フミコ君 私が質問予定しておりましたことは、前嶋君から、先取りされた形になって、同じような質問でございますけれども、私は社会党議員を代表しまして、また別な観点からやってみたいと思っております。二重になるところもあるかもわかりませんけれど、お許しいただきたいと思います。

戦後の世界史の中で、悪名高い初発の大公害である、水俣病の補償が事件発生後、十七年ぶりに五月二十七日、チッソと処理委にまかせた一任派との間で妥結しました。昨年四月二十五日、補償処理委員会が第三者あっせん機関として発足以来、十三カ月ぶりのことでございます。

大詰めの調停代役をつとめられた浮池市長に対して、さっき前嶋議員はたいへんご苦労さまでした、心から敬意を表しますと、そういうふうにおしゃいましたが、私もご苦労さまでしたとは申し上げたいわけでございます。しかし、ああこれでよかった、よくぞやっていただいたとは、どうしても言えないわけです。［私は死者にかわって市長を呪います］。こんなに思っているのは、私ばかりではございません。世論もこう申しているわけでございます。さっき、新聞はなかなか真実を言っていないというような指摘もございましたけれども、私はある程度はつかんでいる、その中心は握って報道していると、こういうふうに考えますから、その新聞にあらわれた大きな見出しの表題をちょっと拾ってみました。

人間の安さまざまざ、公害補償に悪例、奇妙な処理方法。これは朝日、毎日、西日本、読売、熊日と、全部から拾ったわけです。厚生省、権限ない第三者に押しつけ。国、企業責任問題残す。安すぎた命の値段。何の罪もない患者。世界の奇病に冷たい企業。ひどい裏切りです、仏壇の前でぼう然。加害者一辺倒、同じ人間の命なのに。予盾多い処理委理論、企業有利の優先にも処理委。患者に譲歩を求められた形、涙とあきらめの妥結。満足でないが、赤い目の山本患者互助会代表。安かった人間の命、歯ぎしりする患者。さらけ出された水俣病補償の後遺症。心から笑える日はいつ、遠い真の解決。気になる世論の反発。堅い表情で調印式。苦悩の合意水俣病補償、公害企業つぶれろ。カラ念仏の人間尊重。渦巻く不満、あきらめ。交通事故より安か、厚い相手のカベ、長い生と死の戦い。これでいいのか公害補償。自覚のない企業、被害は一等国、対策は三等国、涙をのんで応じる。感激とはほど遠い虚脱感、くやし涙の和解。やり場のない不満、やっぱり低い水俣病補償。勝負にならぬ力の差。公害専門家、最後まで消えぬ不満、新しい波紋のスタート。人の命はいくらか、穴だらけの公害行政。人を守る第一に。公害行政は積極的に。低い生命の価値。企業サイドからの判断。妥結金額の意味するもの。裁判でも出すまい、これは千種達夫。決裂したほうがまし、野村好弘、東京都立大法学部助教授。安いこと前代未聞、水上勉、作家。命の値段に抗議の涙。浮池市長、病床の細川医師見舞う。足元から水俣病告発。係員がぴったり張番つんぼ座敷の患者代表。水俣病補償、五百人コンピューター調査、安すぎるが八割。五百万から一千万は当然というのが絶対多数。水俣病調停劇、三日間の舞台裏。政治的な積み上げ額。厚生省秘密主義に血マナコ。補償あっせん終わったが、まだ問題山積。水俣病の良心、細川博士の証言。実験止められ報告直後、チッソにネコ四百号。排水もとれず、細川医博。病床で証言水俣病患者に法は冷たく。浮ばれぬ犠牲者、温情は国税庁、税はかけません。冷酷厚生省、生活保護は打ち切る。細川博士から証言、会社側過失のきめ手、ネコ実験黙殺はっきり。水俣病解明のカギ九年間ひた隠し。経済企画庁が圧力、都立大の研究。有機水銀裏づけ、熊大発表四年前。国は責任とれ、チッソ過失に証拠。ネコ実験で周知、真実の証言。細川メモ、水俣病に貴重な手掛かり。ネコ実験苦しむ姿克明に。政府は冷たい、宇井氏ら切々の病苦代弁。水俣病など公害追及、算定根拠示さず。水俣病補償、野党が激しく追及。

世論はこの表題で代弁されていると、私は思います。さっき市長も言われましたとおり、本来人間の命や健康は、金に換算できるものではございません。しかし、いつの時代でも、社会習慣とか、常識があるはずです。その常識にあてはめて見て不当に安いと、私は思うわけでございます。

ちょうど一日前でございましたか、報道された大阪ガス爆発の死亡者補償額は最高千九百万円、一人平均一千百五十万円でありました。この補償額の開きに、ただ私たちはあ然とするばかりでございました。同じ人間の命なのに、どうしてこんなに差をつけて、水俣病ばかりを踏みつけにしなければならないのか、どこから見ても常識を逸した数字としか、受け取れないのでございます。交通事故の死者に対しては、無条件に自賠法によって、五百万円が補償され、最近では一千万円が一般化しつつございます。

去る六月九日の衆議院産業公害特別対策委員会の席上で、参考人として呼ばれました最高裁の矢口民事局長は、人の命の換算は、という島本虎三氏の質問に対して、交通事故判決は最高六千万円、具体的に話し合いのついた額は、最高二、三千万円である、と答弁しておられます。交通事故は被害者といえども、全くあやまちがなかったとは言い得ない場合が多いのです。それにひきかえ、水俣病患者は、全く自分には過失がない上、長年働き続けた漁場を失い、世間の人々からは奇病だからと言って水さえもらえず、冷たい仕打ちを受け、ここの医者、あそこの医者と、回り歩き、船を売ったり畑を売ったりして治療に充て、最後にはのたうち回ってもがき苦しみ、その悲惨さは、他に例を見ないものでございました。

私は去年十一月十一日に死亡した田中敏昌君のことが、目の前に浮かびます。骨と皮ばかりのからだは「く」の字に曲がり、あばら骨の奥からは、ヒユウヒユウ、ゴロゴロと鳴る息づかい、たんがいまにも詰まって、ああ、いま死ぬのじゃないだろうかと、何べん思ったことでしょう。そういう思いをはらはらしながら、水俣病患者の苦しみをごらんになったことがございますか。(「見たことあるよ」という者あり)そのさまをごらんになったことがございますか。(「あるよ」という者あり)そして笑いたいわけでございますか、(「笑ってないよ、ぼくは真剣に聞いてるよ」と言い、その他発言する者あり)片時もそばを離れないで看病しておられたスワノばあちゃんは、目の見えない、口のきけない、わが孫に、ほんとうにたんねんにおじやをつくって、敏昌君の鳥のようなのどにひっかからないように「うまかぞ、ほら卵めしぞ」と言いながら、一時間余りもかけて、食べさせておられました。その姿。敏昌君は死んでも、目がなかなかつぶれなかったので、ばあちゃんは、おかあさんは、つぶれ、つぶれ、敏昌目ばつぶって、はよう、よか仏さんになれ。つぶれないはずだと私は思いました。

敏昌君の恨みは深い、十四年間も、生けるしかばね、この世に生をうけて、何の楽しみがあったろうかと思います。敏昌君の苦しみや、家族のつらさがおわかりになるでしょうか、浮池市長。私はこの敏昌君にかわって、許すことができません。

この補償処理には、企業の責任が明確に出ていないといううらみがございます。企業責任が出ていないけれども、責任を感じてと、おっしゃいましたけれども、感じるならば、その中で、もっと何かあったはずです。

一昨年の九月二十六日、政府が公害と認定したときの水俣病政府統一見解を読んでみますと、水俣病は、水俣湾産の魚介類を長期かつ大量に摂取したことによって起こった。その原因は新日本窒素水俣工場の排水にあるということが、きわめて明確に書いてあります。

同日発表されました新潟水俣病については、昭和電工鹿瀬工場が、この基盤をなしたと考えられるとして、ぼかし、終始あいまいな表現でございましたけれど、およその行数を私は教えてみました。水俣病の原因については、十四行で終わって、新潟水俣病については、百五十九行もかかって書いてあるけれども、まだあいまいである。こんなに、水俣病ほど企業が、企業の責任がはっきりしているものは、ほかにはないと思います。いわば、チッソ企業の全くの私的な害でございます。裁判の中でも、チッソは企業責任を否定していますし、あの交渉の中でも、そういうことを否定しています。その責任を回避することこそ、道義的に反する行為であると言わざるをえません。

公害はいまや、国民の、いや全世界の最大の社会問題で、政府、企業への住民の不信感が日々高まっていく中で、行政も企業も一体となって公害を絶滅することこそが、社会的にも責任を負うことになると思います。補償処理委は紛争処理が目的であって、責任の所在について結論を出すことは目的でないと言っていますが、チッソの不法行為の責任を明らかにすることなしに、どうして補償算定ができるでしょうか。それを明らかにしないで、補償などあり得ないと思います。チッソの責任が前提でない以上、その補償は損害賠償ではなく、一種の見舞い金にすぎず、三十四年同様に自分の過失を認めようとしないまま、殺した者が殺された者の命をきめたという、世にも不思議な調停が、やみ取り引きされたといってもいいかと思います。公害認定された園田元厚生大臣は、企業責任論について、こう言っています。

「どんないきさつがあったにせよ、悪いものは悪いときめつけるべきだ。それがないと企業側は、やれやれと胸をなでおろし、今後とも公害責任を軽視するだろう。公害対策全体に悪影響をもたらし、現に産業界では、あの程度の補償で済むのかという安堵の空気すら流れている。

今度の水俣病補償は、その意味で悪い前例を残した。厚生省は徹底的に公害責任を追及すべきで、ささいな公害でも起したら、その企業はつぶれるべきだとの一語に尽きる。もし私が厚相なら、患者家庭互助会も納得する委員を法律で任命、患者の言い分を主体にあっせん案をつくってもらう。その際は、あくまでも患者の主張する線を極力企業側にのませる基調である。

今回の処理案には、生存者年金と、生活保護、医療扶助などとの関係が明記してない。必ず将来問題を残す」

といわれております。この園田発言は、そんなに思っているなら、私から言わすれば、なぜ自分も出るときがきたら出ると患者に約束をしておられますので、知らないふりをしないで、地元の問題と、個人的に相談にのらなかったのだろうか、政治的な発言ではあるまいかと思うわけでございます。それにしても、こんなにはっきりと自分の党の厚生大臣を批判できることは、ほんとうにあの人は偉い人だと思っております。それこそ人道的立場に立って、ものを言っている人だと思っております。

とにかく、チッソ付属病院におけるネコ実験で、工場排水が水俣病の原因であることは、天下周知の事実で、過失は明らかでございます。にもかかわらず、チッソの負担意志を前提とする低額補償を押しつけたことは、補償処理委は、第三者機関であるどころか、全くチッソの代理人にすぎず、その補償処理は、だれのためのものであるか、疑われるわけでございます。その一役を買って、最後の奮闘をされたと見せかけておられる市長は、一体どちら側に立って、調停の役に出られたのかと、疑いたくなるわけでございます。

さっきの話で、自分は患者側の味方だ、立ち会い人だ、立ち会い人という立場で行ったとおっしゃいましたが、［チッソ資本の支援を受けて市長になられた］からと私は感づるわけです。補償処理委が終わる段階で、決して満足しているのではない、涙をのんであきらめて、また目からどっと涙を、あふれさす山本亦由会長、調印の事務的な処理のために急がねばならぬ、いまはちょっと話すひまがないと、にこやかな笑いさえ浮かべて、記者団の前を走り去った浮池市長と、あまりにも対照的だったとマスコミは報じています。

また、私がこう思う裏には、こういうことがございます。市長や衛生課長が東京に出発するときから、不明朗な行動が調印の運びとなるまで続いたと、私は思います。なぜならば、わざわざ「はやぶさ」の切符を八代でキャンセルして、途中三回も乗りかえ、隠密行動をしたり、交渉に臨んでは、一歩も厚生省の外に出さず、さっき、これは患者が希望して中に入れておってほしいと言われたと、そうかもわかりません。けれども、記者も患者の控え室に何人も入ってきましたよと、おっしゃいましたが、私は熊本で数名の新聞記者やテレビの記者と会いましたが、だれもそういうふうには言っておりませんでした。あの補償処理委が補償処理が解決した、その日でございましたか、テレビに出ておりました記者にも私は二十九日お会いしましたが、その人の話だと、全く今度の補償はあきれた。報道陣でんなんでん、患者と会わせなかった。患者の部屋に絶対入れぬとだけん、あれが一番くやしかったですばい、こう言ったわけでございます。

トイレに行くのにも、外部との接触を避け、ボディガードのような厚生省の職員がついている。さっき新聞は自由に見せておりましたと、おっしゃいましたけれども、二日目の午後までは、新聞も渡していないということがはっきりわかっております。これは石牟礼道子さんが新聞ぐらいは見せるのがあたりまえじゃないかと、何べんも厚生省の役人と交渉した結果、やっと厚生省の役人が石牟礼道子さんの顔を知っておって、ああ、そうですか、それじゃ新聞を入れましょうということになったということを、私ははっきり知っております。

テレビもラジオもないところで、処理委のおえら方や、チッソ江頭社長の話だけを密室の中で聞いている人たちは、さぞつらかったであろうと私は思います。そのことが、外からの呼びかけに対して、五階の窓が急にあき、だれの口からか、思い切って、日吉さんと叫んだという、その気持ちはわかります。たいへんな秘密主義の中での市長の活躍は、ほんとうにどちら側だったのだろうかと思うわけでございます。また細川先生のネコ実験といい、半谷［高久〈編者注〉］教授の有機水銀分析といい、みんな企業と政府によって隠されていることが、腹立たしくなります。ことし三月東京で行われた国際公害シンポジウムにこられたハンガリーのホック博士は、私に、こう言いました。「どうして日本は、市民運動が公害を告発しなければならないのですか、ハンガリーでは、学者が研究したことを政府は直ちに発表して、悪いものはすぐに禁止する、日本の市民運動はわからない」、こう言われました。私たちは水俣病と、私たちが八ミリグループにとってもらっている映画を見せました。その一、二巻を四十分にわたって見せましたところが、やっとわかった、なぜ市民運動がこうしなければならないかということがわかったとおっしゃいましたが、私たちはいまの日本では、もっと住民の一人一人が、うちなる自分の公害を告発していかなければ政府や自治体をも、口先だけの公害防止に終わらせて、いつかまた私もおかされていたということになってしまうのではないかと心配するわけでございます。ほんとうにおそろしいことです。いままでは、私はほんとうに市長を信じていましたが、［殺された人間の値段を安く売った市長］、これは水俣病患者にかわって言ったわけです。

次の質問、「水俣病補償処理案作成の経過と要領」を市長はご検討いただいたと思いますが、それを初めに見られたときに、まずどうお感じになりましたか。算定の基準が明確になっていないと私は思いますが、算定の基準はどうされたのでしょうか。症状がほぼ固定したとも書いてございますけれども、この症状の固定については、新潟の患者はだんだん悪くなっているということが、この間発表されました。三十六人の患者のうちで、自分のことができないというのは、私は過去三回参りましたけれども、それまでは二人しかございませんでした。いまでは六人寝込んでいる。新潟の場合は、二〇〇PPM以上の人は発病しなくても要観察者として医療手当てなども市から受けておりおります。ところが、このごろたった三六PPMの人が一番重症になっている。こういうことはその人の体質や、そのときのからだのぐあいによって、病気は固定したとは言えないと私は思います。そういうことについても、どうお考えになっていますか。

一任派は解決しましたが、訴訟派はこれからでございます。生活資金の貸し付けはできないものでしょうか。新潟には近喜代一さんという患者がおられます。

もちろんその人のお父さんは水俣病で死亡しておられますがそこの家には、奥さんと子供が二人です。女の子ばかりで、おねえさんは勤めに、二番目は高校生でございます。その近さんは、私の家ばっかりたんぼは四反しか持たぬ。持たないけれども、新潟では患者の家でも、一町から一町五反耕作している。私は四反しかないけれども、食べるぐらいは十分にあるから、日吉さん遠慮しないで、食うてくれと、こういうふうにおっしゃっていますけれども、もちろん市の生活保護もございません。市の貸し付けが一カ月二万三千円、県からは盆暮れに十万ずつ、合わせて四十七万六千円が借りられている。これは表面的な貸し付けで政治的な配慮といえましょうか、あるとき払いの催促なしでしょうか、そういうような、うらやましい状態がございます。

本市では、先ほどの記者会見の中でも、市長は訴訟派と一任派の問題にみぞができるかもしれないけれども、何とかうまくやっていきたいと言っておられます。こういう生活資金などの貸し付けはできないものだろうか。もちろん水俣市と新潟市では、ずいぶん開きがございまして、新潟は人口三十七万の大都市でございますので、一から十までそのとおりにはいかないと思いますけれども、それでもそういう配慮は要らないものだろうかと思うわけでございます。

次に年金を一時打ち切られた人たちがおります。五名おりましたが、その人たちも今度の補償処理で自分たちのこの一時金は何とか復活するだろう、またぜひとも復活させてもらいたい、あのときには一時金をもらわなければ、その日の生活が、あしたからの生活の設計が成り立たない、だからやむを得ず一時金をもらった軽症患者でもございましたけれども、今度の補償処理をたいへん期待しておったわけでございます。ところが、まあ一時金八十万円でございますか、それで打ち切られてしまいました。そのことについては、市長はどういうふうにお感じになって、どんな交渉を、していただいたのでしょうか、また交渉ができないならば、助言をしていただいたのでしょうか。

また、この補償処理案をお読みいただいたときに、市長は、細川先生のネコ実験のことや、東京都立大の半谷教授が三十四年から三十六年までかかって、水俣病はこの有機水銀である、有機水銀を分析していたということなど、頭の中に入れて助言にお臨みになりましたでしょうか。

またこの文案の中に、数回現地に来て、十分調整したように書いてございます。けれども、全員がこられたのは、二回だと私は思っております。一回目は六月二十七日、八日、二回目は十月二十七日、それも一回目は水俣市役所において、患者代表から聞いて、次はチッソに行って聞いた。二回目は一光園で一人一人聞かれたということでございますけれども、その一人一人の聞き方にも十分で終わった人があり、一時間かった人もある。そういうことを考えますならば、この補償処理委の年金とかその算定の中に、一時間かかっていろいろ聞いた人と、十分間しか話さなかった人、それは話がなかったといえば、それまでですけれも、あの人たちはよくゆっくり聞かないと、何べん行っても言わないことを、五、六回行ったときに初めて言う。そぎゃんこともあったですか、と。そういうつらさは、ほんとうによく聞かないとわからないわけです。それを自分の口から先に言うことはできないのです。だから言い方のじょうずな人は、一時間も話したでしょう。しかし言い方のわからない人は十分間で終わったと思います。けれども私は十分間で終わった人が十分間のつらさがあったのじゃない、話せないから、それだけに終わったのじゃないか、そういうふうに考えるわけです。私たちがいままで、数回患者の家に参りますと、ほんとうに重要なことを、十回もその上も行ったときに、やっとぽつりと話す、ほんとうによく知らなければ、患者の中の気持ちが引き出せないのです。そういうところに、私はランクづけの予盾もあったんじゃないかと思うわけでございます。また、このランクづけには、大橋院長や三嶋副院長もお手伝いされたと聞いております。先生方、これは大橋院長でございますけれども、先生方がランクをつけられた、そのものと、食い違った点はございませんでしたでしょうか。お聞きしたいと思います。

もう一つ、大橋院長にお尋ねしたいことは、一昨年でございましたか、水俣病の研究費が二百万円来た。そのとき元山さんは、その研究費は水俣病のランク付けに使うのじゃないかと、こういうふうに聞きましたところが、絶対にそういうものには使いませんと、おっしゃいました。その二百万円の使途はどうなっておるのか、簡単にお教え願いたいと思います。

次は、衛生課長に聞きたいと思いますけれども、衛生課長は厚生省の臨時職員におなりになったことがございますでしょうか。というのは水俣病のことを、衛生課長にお尋ねしたいことがございましたので参りました。ところが、衛生課の人達は全然知りません、と。いつも行きなはったときには、何日から何日まではどこの旅館、何日から何日までは、どういうふうにと、ちゃんと言って行かれますけれども、きのうは熊本出張しなはった、それもよくわかります。今度は、お家の人に電話をかけて、二十一日の夜でございましたか、お聞きしましたときには、奥さんは今日は熊本に行ったから、きょうは帰ります、まだ帰っておりません、あしたは必ず市役所に行きます。こういうふうにおっしゃいました。朝早く私は用事があって参りましたけれども、おられませんでした。あとで聞いたことですけれども、市長も何かわからないように、いつ行くかわからないようにおっしゃった。そんなら衛生課長はどこにいきなはったでしょうかと、だれかほかの記者の人が聞いたところが、衛生課長は厚生省から頼まれて、衛生課長も来てくれと言うたから、行ったっだろうと、こう言われました。いくら厚生省から頼まれても、水俣市の職員であるならば、水俣市長が出張命令を出さなければ行けないと思います。どちらがうそを言っているか、よく私はわかりませんが、一時厚生省の臨時職員になって、こちらを退職されたのですか、そこらあたりをお聞きしたいと思っております。

次は補償処理委の費用についてでございます。これは渡辺助役に聞かないと市長はその当時おられませんでしたので、水俣病補償処理委員会の費用として四百八十万円が昨年五月二十七日の臨時議会において、決定いたしました。そのうちの三百万円は、本年三月の議会のとき、特別交付税の中に考慮されているので、衛生費国庫補助金の三百万円を減額しているという旨の説明がございました。ほんとうに特別交付金で来たのかどうかとさえ、言いたくなるときもあります。どうしてかと申しますと、特別交付金はまるごと来て、何に幾ら来て、何に幾ら来たという説明はいままでございません。一括して来るという話でございますが、まさか、市議会に対して、助役がうそを言われるはずはございませんので、これは了といたします。その残りの百八十万については、昨年の五月、その臨時市議会の段階においては、こうおしゃいました。県と交渉中でございます。なるべく県から出してもらうように話をつけますと、おっしゃったわけでございますが、百八十万はその後県から参りましたのでしょうか。確実に水俣病対策費として、県が組んでくれたのでございますか、お尋ねしたいと思います。

なお、処理委の費用は四百八十万でございましたが、そのほかには出しておられないでしょうか、四百八十万の使用明細がわかっておればお聞かせいただきたいと思います。いまわからなければ、これはあとでもよございます。

次は、水俣病処理のために、ずいぶんと総務課長、衛生課長ほか係員、市長、助役とあちこち行かれたと思いますがそれに要した費用は、概算どれくらいでございますか、お教え願いたいと思います。議会も何回もおいでになりましたが、議会のことは、議会の事務局長にお願いしたいと思います。

次、昨年の一月二十二日の臨時議会［四月二十六日の公害対策委員会の間違いか、編者注］のおり、裁判派も一任派も同じ市民だから、平等に取り扱うことが決定しています。このことは、市長はそのときおられませんでしたので、はっきりと認識しておいていただきたいと思います。だから一任派のためにずいぶんとお力添えをいただいたので、深く感謝するわけでございますが、いまからは訴訟派が裁判をする段階になっております。七月十一日で第五回の口頭弁論がございます。いま裁判派が考えておりますことは、補償金をたくさん取るということもちろんながら、企業責任を明確にして、今後日本国じゅうの公害を撲滅するという方向で、がんばっておられます。

そのことを考えると、自治体も一緒になって、自治体みずからがまっ先になって、公害撲滅をしなければならない。さっきの市長の前嶋議員への答弁の中にもございましたが、公害を起こすような企業は誘致しない、公害を起こしたら厳重に注意するとおっしゃいましたが、ほんとうに、そういう姿勢があるならば、またなければ公害を撲滅することはできません。この間、ずいぶん多くの新聞記者やいろんな人たちが参りましたが、水俣病の陰に隠れているチッソの亜硫酸ガスや降下ばいじんについて、なぜ水俣市民はこういうものに取り組まないかと、私を責めました。もちろん取り組んでおります。三十八年ぐらいまでは、水俣市の降下ばいじんは、一カ月に最高七十九トンもあったのです。しかし、いまではおかげさまで平均二十トンぐらいになっている、そう言いましたら、うわっと、びっくりしておりました。それでもまだよそから来た人たちは、水俣の降下ばいじんは、水俣病の陰に隠れているんじゃないか、こういうふうに指摘されております。だから、公害を撲滅する運動、その先頭に立っていただく市長として、私は一任派にお示しいただいたように、裁判がございますが、そのときには、市長もお供していただけるかどうか、もしお供していただけないならば、まだほかに方法もございます。熊本まで行くのには、貸し切りバスだけでも三万四千円はかかります。出していただけるだろうか、ぜひとも出していただきたい、そういうふうに思うわけです。そのことについて、どうお考えか。

富山県の婦負郡婦中町は、ご存じのように、イタイイタイ病の発生地ございます。そこでは、去年もこの議会でも話題になりましたように、たった一万五千の人口の町でございますけれども、百万円の裁判費用を計上したと、そのことが自治省などに問題になりましたけれども、それでも、その後やっぱりそれは認められて、ことしもまた予算として百万円を組んだといわれております。そして、また富山県では、各自治体が、それ相当に、その裁判を支援するために、カンパを組んでいるといわれております。それは去年六月七日、八日の水俣病全国弁護団会議の中で、富山県のイタイイタイ病の弁護団の一員である近藤弁護士が、はっきり言われました。

だから、市としては、裁判費用などは組めないということでございましたけれども、富山県は組まれているという実態をお考えいただいて、どう支援していただくのか。問題が非常にごたごたになりますが、補償金をもらった人たちの生活保護は打ち切るということが、言われておりますが、それはほんとうにそうなのか、何かそこで考慮すべき点はないのか、打ち切られる分については、たとえば市がその分を負担するとか、なぜ、そう言うかというたら、水俣病はさっきから言うたように、非常なひどい苦しみを受けながら、その補償をもらった、それに打ち切られるとは、あんまりではないかという気持ちでございます。

次に入院患者の看護については、当然病院がチッソから支払ってもらうべきだと、私は思っております。今後介護手当てについては、十二人が認められたということでございますが、十二人の中には、入院患者は一人も入っていないということです。しかし、入院患者の中には、全くつきりで看護をしてもらわなくてはならない人が、何人もおります。

そういう人たちの看護手当てについては、相かわらず市が負担していくのか、それともはっきりこういうふうな看護手当てが打ち出された時点で、市としても断固たる態度をとって、チッソに出させる、チッソが出さないならば国が出す。国から出させるという姿勢を打ち出すべきじゃないかと思っております。その金は本年だけでも三百万円以上確か組んであると思います。看護手当てについては、そういうものを、やっぱりしょんなか、水俣市がかぶらんばという気持ちじゃなくて、責任を明確にさせて、当然取るべき金は取るという立場に立たなければいけないと思っております。

次に死亡者の認定についてでございますが、市長はいま審査委員会の、メンバーではございませんが、しかし水俣には三名の審査委員がおられます。地元のほんとうの要望を三人の人が代弁してくださるならば、私はそういうことが死亡者の認定についても可能ではないかと思います。なぜならば、水俣病の認定は、最初が三十一年の十二月でございました。けれども、それ以前に死亡している人は、十四人ぐらいおられます。その人たちは、死亡した後に、認定をされているという事実。しかも一番早い人は、柳迫［直喜（編者注）］さんという方ですが、昭和二十九年の八月五日に死亡しておられます。この人も認定されている。まあこの人には理由もございます。

この人は、細川一先生に一番に見てもらっているわけですから、だから、細川先生は、そのあと三十一年に多発したときに、ああ、柳迫さんもそうだったと、こういうふうに非常に紳士的につけ出して認定をさせていただいたと思います。

しかし、水俣病の中では、昭和二十九年八月一日柳迫さんよりも、少し早く死亡した患者がおります。その人は五月十三日に市立病院に入院しております。平竹信子さんといって、その人のカルテは、これは市立病院の三嶋先生が持っておられます。このことは私も元山さんも確認している事実でございます。その人の死亡診断書には、脳炎と書いてございます。

私は死後に、一月でございましたか、その主治医である松本先生のところに参りました。熊本市の白山町に開業しておられます。その人のところに行って、おかあさんを連れて行きましたところが、その当時はそういうことがあった、あんたはあんまり病院にはこんかったもんねと、おっしゃった。そうです、平竹さんのうちには、ほかに子供もたくさんおったので、おとうさんが病弱だったから、おとうさんが看病に行っておった。信子さんは五月十三日に入院して、五月三十一日には退院させられる、やむなきに至っておる。どうしてかといいますと、ものすごくワオーウオーうめく、おめく、あばれる。寝台からはころげ落ちる、人に迷惑をかけるので、治療の方法もないから、帰っていただけないだろうかという話があったそうでございます。それで三十一日連れて帰られた。あんまりあばれるので、帰ってからも帯やひもでくくりつけておりましたと、こういわれるわけです。

その話を近くにおられる進東さんは、また百間の、あのたばこ屋の目の見えないおじいさんは、あの信子さんはかわいそうだったですばい。毎日、親孝行で、おばあさんと二人で寒い冬の日も、カキ打ちに行きよった。カキ打ちに行きよった金で米を買って、病弱のおやじに食わせておったですよ。もういっとき、あの子が病気にならぬなら、私も水俣病になっております。なぜかと言うたら、あそこのおやじが、もと自分の造船所のときにつとめておったけん、かわいそうだったから、毎日持ってくるものは、私も買いよりました、カキを買ってやりおりました。あの子が病気になったけん、私は逃れたっです。あの子は命の恩人ですばいと、何とかして認定させる方法はなかったでしょうかと、こうおっしゃいました。

そのときにあの人たちがこう言ったわけです。私どもは、その当時三十四年のときに、保健所に陳情書ば出しました。私が伊藤保健所長に、こういう陳情が出ておりましたかと言いましたら、ぼくは知らないとおっしゃいました。だから、この人は冷たい人だなあと、あんなに水俣病が出たときには、一生懸命にネコ実験などをして、自分でも八ミリを写したりしておられたのにと、こう思っておりましたところが、そうじゃなくて、水俣市役所に、出しているということがわかりました。それは私が新聞の切り抜きをずっと、三十一年当時から綿密に読んでおりましたところが、三十四年の十二月九日の熊日に(「議長、議事進行上、議事進行について質問したいのですが」「いろいろと発言はよろしいと思いますけれども、議事進行上、ちょっとお尋ねしたい」と言うものあり)これだけ言ってからしてください。もうやがて終わります。

水俣病と確認してほしい、脳炎で死んだ四患者遺族ら、水俣市小田、平竹信子さんら四人、いずれも故人の遺族から、前記四人は発病から死亡までの経過が水俣病に似ているから審査してほいと、八日、水俣市役所に申し出があった。遺族の申し立てによると、平竹さんは二十九年四月発病、手足がしびれ、よだれを流すなど、水俣病そっくりで、同年八月一日死亡したが、当時は水俣病と症状が確認されていなかったので、一応脳炎と診断をされていたということです。残り三人も同症状で、市では市立病院に残されているカルテの調査を保健所、熊大に依頼、水俣病と確認されれば水俣病審査会にかけて、正式に水俣病ときめると、こういうふうに書いてあります。あの人たちが保健所と思っていたところは、市役所でございます。

だから、市役所は、そういう陳情を得ておるわけです。そして、市立病院のカルテを調べて県に交渉をしたかどうか、お聞きしたいと思います。もし、それがなされていなければ、市長はかわっておれども、水俣市の重大な責任であるかと思います。なお、死亡者の認定については、ほかにもまだございますが、時間が長くなるので、ここで、死亡者の認定については、打ち切ります。次は介護を要する人が、まだほかにも、こういう条件があるということを聞いて、その人たちはどうなるかというので、たとえば、坂本しのぶちゃんは、いま生理が始まって三ケ月になりました。生理がないときは、自分のことは自分でできますが、生理があれば、おかあさんはあの子の手当で外にも出られない、そういうときは、私はやっぱり介護が要ると思います。

また渡辺政秋君は、ろう学校に行っておりますので、ろう学校に行っているときはいいけれども、家に帰ると、やっぱり非常にあぶない。歩けます。しかし、自宅の下に国道三号線があり、外へ出たがるので非常にあぶない。家におる間は介護手当てが必要ではないかと思うわけです。そういうことについては、どういう配慮がしてあるのか。

次、等級の変更について、新聞報道によりますと、金子雄二君と鬼塚勇治君の二人が、B級になったという話でございます。まあ今度はそれでいいかもわかりませんが、さっきも言った病状が固定していないというところで、非常に悪化する人もおる、現におります。名前も知っております、けれども、そういう等級の変更については、あの処理委員会がいつまで継続するかということによって、どうなるかという不安がございます。あの処理委は、いつまで継続して、処理委としておるのでしょうか、それに等級の変更はだれがしてくれるのでしょうか。まだご答弁のいかんによって質問したいことがいっぱいございますが、これで一応質問を終わります。

◎議長（斉所市郎君）　昼食のため休憩し、午後一時四十五分再開することにいたします。

（十七日午後零時四十五分　休憩）

（午後二時三十七分　開議）

◎議長（斉所市郎君）　休憩前に引き続き会議を開きます。答弁を求めます。

◎市長（浮池正基君）

ご質問に対しましてお答えする前に、四つの点について発言をしたいと思います。

第一は日吉議員の質問の中に、新聞はなかなか真実を言っていないと、市長が前嶋議員に答弁をした、言ったというご発言でございましたけれども、前嶋議員に対する私の答弁の中には、新聞の報道については、一言半句も触れておりませんので、ここに申し上げておきます。

第二にチッソの責任の問題でございますけれども、排水が発病の原因であるという因果関係だけで断定ができるか、できないか、これは専門家の間で、法的に現在審理中でありますので、この問題は裁判において明確にされるもんだと、私は思っております。

第三に、今度のあっせんの場合、私の立場は、互助会の一任派の一致した要望、すなはち、会員の経済的な理由から、補償を一刻も早く決定してもらいたいという互助会からの、一任派からの、切なる要望で、私は付き添いといたしまして患者と行動をしたものであります。また、水俣病に関しましては、昨年市議会で第三者機関をつくるように働きかけ、円満に早く解決するよう議決をしておりますので、その旨を体しまして、私は行動をいたしたわけでございます。

これが、今後の答弁の一番基本になるものでございますので、冒頭につけ加えておきます。水俣病は、ガス爆発あるいは新潟の問題とは違いまして、もうすでに十数年前の話でもありますし、またほかの点においても違う点も多々あるようでございますので、比較が非常に困難であるということもつけ加えておきます。

以上、四点を冒頭に申し上げて、以下個々の問題にお答をいたします。

まず、かん詰め問題でございますけれども、これは午前中前嶋議員の質問に対しまして、私が答弁申し上げたとおりでございます。第一日目にまあ性格不定、人数も不定でございましたけれども、どういう方か知りませんが、一任派の控え室のドアをたたき破らぬばかりの勢いで、何人かわかりませんが、押し寄せてこられました。それに一任派の人がおびえたわけでございます。また日吉議員もさっき言われましたが、厚生省の前から多数の人がマイクなどを使いまして、今度の補償に対して事態の進行を現実に阻止する意思と行動をする、いまの補償のあっせんを阻止するために、われわれは行動するということを、非常に叫んでおられましたので、一刻も早く補償をかち取りたいという、一任派の代表の方が、非常におびえられたのは、事実であると思います。そういう関係から、控え室に入ってくることを、とめてくれということが、山本会長からの厚生省に対する要望でございました。こういうことを申し上げておきます。あとは午前中に詳しく述べたとおりでございますので、省略いたします。

次に水俣病の補償委員会の発表を初めて見たとき、市長はどう考えたか、というご質問でございましたが、いささか不当であると、私は思いました。次に算定の基準はどうなっているか、これは処理委員会に聞いてみなければ、私もわかりません。症状は固定しているというが、新潟では進んでいるじゃないかというご質問でございましたが、これは水俣病専門の学者の意見にも徴したいと思います。訴訟派の方の生活資金についての貸し付けについての意見を求められましたが、これは福祉事務所長より答弁させます。

次に年金を一時金で打ち切った方に対する処置でございますけれども、これはそうでないように、私東京でも処理委員の方にも強く要望いたしました。現在のところ、それができておりませんけれども、まことに残念に思っております。処理委員の結論を見たとき、ネコ実験を思い出したかということでございましたけれども、そのときは、補償をいかに積み上げするかということで、私一生懸命でございました。要するに、補償の額をです、一任派のご要望のように貫徹するということに一生懸命でございました。そういうところまでは考えておりませんでした。

処理委員会の実態調査が完全であったかどうかというご質問には、私つまびらかにしておりませんけれども熊本大学の研究陣、それから熊本県の水俣病審査会から資料が処理委員会に送られたということを聞いております。

次に衛生課長は厚生省の職員かというご質問でございましたが、水俣市の職員であります。

次に補償処理委員会の費用について、旅費は幾らかと、これは各所管課長より答弁させます。

次に訴訟派と一任派の間柄でございますけれども、私は一様に取り扱っております。訴訟派に対する費用の弁償につきましては、市費を出すことでございますので、慎重にしなければならぬと私は思っております。富山県の問題は水俣市と違いまして、これは熊本県がどうであるかという問題であると私は思っております。

公害に対する心がまえは、さっき前嶋議員に申し上げたとおりでございます。今後公害を起こすような企業は成立しないであろうと、私はそう思っております。詳しいことは、さっき答弁いたしましたので、省略いたします。

生活保護の打ち切りの問題でございます。現在そういう書類を見ております、来ております。新聞でも拝見いたしました。まことに冷酷な厚生省というような記事が出ていたようでございますが、私も何とかこれは努力をしてみたいと思っておりましたし、その一端といたしまして、陳情書をすでに六月十二日に厚生大臣に送っております。

ご参考までに申し上げますと、前文を省きますが、「現在、水俣病患者家庭にして生活保護法による被保護世帯は十世帯（三十人）であり、それ以外の患者家庭の現状を見るとき、他日生活保護法の適用を必要とする家庭も多く予想されるのであります。したがって水俣病の特異性と患者並びにその遺家族の心情をご了察の上、一時金並びに年金等の受給による生活保護法の運用について、特別のご配慮賜わりますよう陳情いたします。昭和四十五年六月十二日水俣市長浮池正基、厚生大臣内田常雄殿」以上を陳情書として提出してあります。今後とも努力をいたしたいと、かように考えております。介護手当ての問題は、これも衛生課長から答弁させますことをお許しいただきたいと思います。

バス代の件については、私において、何とか研究をいたしてみたいと、かように考えております。

以上が私に課せられました答弁でございますけれども、この際、質問は質問といたしまして、私

答弁を終わらせていただきましたので、最後に私から一言つけ加えたいと思います。［以下、浮池市

長の発言（日吉への逆質問）は、議長職権により削除（編者注）］

◎福祉事務所長（掘端兵市君）　訴訟派の方の生活費の貸し付けの有無についてお答えいたします。

市の社会福祉協議会におきまして、世帯更生資金という貸し付け制度がございます。これは生業

費、あるいは生活費、住宅費についての貸し付けでございますが、あくまでも低所得者の自立更生

のための資金と、かようになっております。

なお、ご参考までに申し上げますと、大体年間四百八十万から五百万程度の資金を貸し付けてお

ります。現在のところ、中央マーケットの火災の罹災者からの貸し付け申し込みが、大体三百四、

五十万出ておるわけでございます。したがいまして、残った原資は、大体百二、三十万あろうとい

うようなことでございます。以上、お答えいたします。

◎衛生課長（山田優君）　日吉議員の質問のうち、旅費についてお答えいたします。

昭和四十四年度以降、四十五年現在までの水俣病関係に使用した旅費十一件、三十五万四千八百

円でございます。

次に入院患者の介護手当というふうにきいたんですが、これにつきましては、和解契約の成立し

た分については六月一日から企業が支払うとなっております。
◎助役（渡辺勝一君）　特別交付税についてお答え致します。四十四年度は四千三百十九万四千円と前年に比べ大幅に増えております。問題の補償処理委員会の経費として四百八十万円の支出は水俣市にとって非常に迷惑な経費であり、厚生省として考えて欲しいとお願いしておりましたが、それができないということで自治省が特別交付税に含めて交付してくれたものと思われます。
◎広田愿君　だいぶん日吉議員の発言の問題で、いま市長からは、逆質問を日吉議員のほうにされたような状態でございますけれども、実はこのきょうの市政一般に対する一般質問というようなものは、議員が市の執行部に質問をする日程になっております。そいう意味からすれば、少し腹がお立ちになったということで、私は十分気持ちとしてはわかりますけれども、これは少し慎重に考えにゃいかぬ、議員は議員なりの品位の問題もありましょうし、発言にも十分注意せにゃいかぬという面もあろうと思います。そういう問題で、この議会が、こういう空気がですね、非常に困るという問題もありますし、一般質問はまだ相当残っております。そういう面からすれば、少しばかりここで休憩をとっていただいて、いまの問題について少し整理をしながら、一般質問を私は続けてまいりたいという気持ちを持っておりますから、休憩をひとつとっていただきたいと思いますがどうですか。
◎議長（斉所市郎君）　答弁を終わりましょう、答弁を一応終りましょう。
◎病院長（大橋昇君）　日吉議員の私に対する質問にお答えいたします。
厚生省の公害課から研究費として四十三年度に、二百万六千円だけをもらっております。四十五年度はまだ決定しておりません。これは水俣病関係だけがもらったんじゃなくて、四日市、新潟、それからイタイイタイ病、この四つのところが、それぞれ二、三百万ずつもらっておるわけでございます。

研究の課題は、「水俣病患者の診察基準確立に関する研究」という、長たらしい題目ですけれども、そういうテーマをもらっておるわけでございます。それで、四十三年度に実施しましたことは、まず診察基準を確立するためには、水俣病患者の現状を把握することが非常に大事だということで、四十四年の一月の上旬から三月の下旬にかけまして、水俣病患者全員を二泊三日で病院に入院させまして、現在までときどき検診をやっておったんですけれども、なかなか十分な検診が行われていなかったと、だから実情がよくつかめていなかったということで、大阪方面に働きに行っている人も、わざわざ来ていただいて、全員をつぶさに検診したわけでございます。その費用にかなり充てましたし、そのほかに湯之児に入っております水俣病入院患者の機能訓練用の補装具の研究とか、いろんなことをやっておりますけれども、主として、いま申しました検診を四十三年度分については行っております。

それから、四十四年度については、過去十数年間、水俣病がどういう症状で今日まできたかということを、大学あたりとか、あるいはあちこちにカルテ類が散乱しておるもんですから、そういうものを集めまして、個人別に病状の追跡をやってきたわけでございます。

四十五年度はまだ額はきまっておりませんけれども、現在までやったことをいろいろ整理いたしまして、水俣病患者がどんな状態で今日までやってきたかという追跡調査と現状と、それから将来の診療基準をはっきりしていきたいという考え方でおるわけでございます。なお、この研究は、うちの病院は研究機関ではありませんので、なかなか研究するというても、十分なことができませんし、また研究費も少ない関係で、十分できませんので、熊大と連絡をとりまして、熊大の第一内科とか、小児科とか、そういうところの先生たちにも応援をしていただいております。特にいま遺伝学関係で水俣病の染色体ということが問題になっておりますが、この染色体の研究ということでも、熊大の原田「　」助教授と連絡をとりながら、また研究費もそっちのほうに少し回しながら、やっておるのが実情であります。

その研究費の使用の内容については、ここに書いてありますけれども、もし必要があったらあとで見ていただきたいと思います。（日吉フミコ君「よろしゅうございます」という）

それから、もう一つの質問として、昨年やったその検診を水俣病の補償とは関係づけないと言ったじゃないかと、ところが、それを関係づけたじゃないかというような質問だと思いますけれども、私たちが去年検診をやるときには、いま申しますように、純粋に研究の目的でやったんであって、補償ということは考えていなかったんであります。

また、患者さんにも、補償ということが、そのころ持ち上がっておったものですから、患者さんが非常に心配して集まらぬのじゃないかという心配があったもんですから、私から補償とはこれは関係ないんだと、私たちが純粋に学問的に、あなたたちのからだを見てあげるんだという立場で見たのは事実でございます。

事実、そのつもりでやってきたんでございますが、今度この補償処理委員会ができまして、補償処理委員会の中で、ランクづけをするということが、それはあとで知ったわけですけれども、きまったわけでございます。

その際に、水俣病症状諮問会という会がもうけられたんです。これは三人委員の一人である笠松［章］先生が、自分がよくわからないから、結局いままで十分患者を見てきた先生たちによく症状を聞くということで、水俣病症状諮問会というのができたわけでございます。その委員は、貴田［丈夫］教授が委員長でございまして、それに徳臣［晴比古］教授、原田助教授、それから精神科の立津［政順］教授、それから衛生部長、それから私と副院長と、これだけが症状諮問会の委員になったわけでございます。私はその際に、その症状委員会ができますと、結局は一番よく知っておるのは、結局私たちでございます。水俣病の症状を。結局私たちものくわけにはいかない。しかし、この症状諮問委員会は、補償と関係があると、そういうことで、私も心配しまして、水俣病の互助会の会長のところに参りまして、私はそう言うたけれども、やはり諮問委員会の委員にならなくちゃならないが、どうしようか、私たちがもしならないと、諮問委員会は困るんだが、また実情をよく一番知っているのは、結局は現地のお医者である。

そういうことで、相談いたしましたところ、ぜひそれは先生たちになっていただきたいという要望がありましたし、また私も判断いたしまして、やはり私たちも入るべきだという考え方で、そのとき初めて諮問委員会に入ったわけでございます。

諮問委員会に入って諮問をするということになりますと、やはり以前に私たちが十分審査した、そのことが一応の病状の基準になったことは事実でございます。だからして、私は出発点においては、その補償とは関係ないという考え方でいきましたけれども、こういう症状諮問委員会に加わったということがいかぬというようなことであれば、ちょっとうそを言ったことになりますけれども、これはしかし私の判断とまた現地の水俣病の互助会の会長さんの意見でも、またほかの人の意見でも、入って実情をよく詳しく話していただきたいという声があったので、入ったわけでございます。

それから、ランクが適当であるかどうかという質問でございます。これは実はこのランクづけというのは、私たちはやっていないんです。ランクはどこまでも、三人委員会でやられたんです、主として笠松先生がやられたんです。私たちはこの水俣病患者は、こういう症状を持っております。この患者とこの患者は同じような症状ですけれども、こっちはここが悪いんだという症状を申し上げたんであって、このランクはどこまでも三人処理委員会のほうで、やられたわけでございます。だから、これに対して私たちがどうこうという批判は、加えるのは、ちょっと適当でないと思いますけれども、しかし諮問委員会の意見が大体反映されておるというふうに、私は判断をしております。

以上で質問にお答えします。

◎日吉フミコ君　はいわかりました。

◎議長（斉所市郎君）　暫時休憩いたします。

（十七日　午後三時十分　休憩）

（午後四時五十一分　開議）

◎議長（斉所市郎君）　休憩前に引き続き会議を開きます。

定刻の五時になりますが、本日は議事がまだ残っておりますので、時間を延長いたします。
暫時休憩いたします。

（十七日午後四時五十二分　休憩）

（午後四時五十四分　開議）

◎**議長**（斉所市郎君）　休憩前に引き続き会議を開きます。

議事に入ります前に、一言市長にご注意申し上げます。

議会の一般質問において、市長が議員に逆質問するような形は、今後絶対慎まれるようご注意申し上げます。

◎**市長**（浮池正基君）　ただいまの日吉議員の質問に対する答弁の最後の部分について、意思のあるなしのお伺いをいたしましました件につきましては、議会の慣習を無視したきらいがございました。衷心より取り消しをいたします。

◎**議長**（斉所市郎君）　ただいま市長から、取り消しの発言がありましたが、これを許可することにご異議ございませんか。

（「異議なし」という者あり）

◎**議長**（斉所市郎君）　ご異議ございませんから、市長の発言取り消しは許可することに決しました。

◎**日吉フミコ君**　せっかくですけれども、取り消しはいたしません。

◎**議長**（斉所市郎君）　お取り消しがないので、議長において、法第百二十九条により、先ほど勧告いたしました「チッソ資本の応援を受けて市長になった浮池市長」（一七三頁）それから「殺された人間の値段を安く売られた浮池市長」（一七五頁）次に「患者の立場に立って呪いの言葉である」（一六七頁）三か所の発言を不穏当と認め取り消しを命じます。

▽議員日吉フミコ君に対する懲罰の動議

◎議長（斉所市郎君）　ただいま淵上末記君ほか十三人から、会議規則第百十条の規定により、日吉フミコ君に対する懲罰の動議が提出されております。

おはかりします。この際、本動議を日程に追加し、議題とすることにご異議ございませんか。

（「異議なし」「異議あり」という者あり）

◎議長（斉所市郎君）　異議がありますので、採決いたします。本動議を日程に追加し、議題とすることに賛成の方の起立を求めます。

（賛成者起立）

◎議長（斉所市郎君）　起立多数。よって、この際日吉フミコ君に対する懲罰の動議を日程に追加し、議題とすることに決定いたしました。

本動議を議題といたします。

議員日吉フミコ君に対する懲罰の動議

右動議を次の会議規則第百十条第一項の規定により提出します。

理由（別紙）

昭和四十五年六月十七日

提出者　議員　淵上　末記　提出者　議員　岡本　勝
〃　〃　前嶋　昭光　〃　〃　吉海　松見
〃　〃　松田　優　〃　〃　松本　充
〃　〃　吉井喜三郎　〃　〃　中村　政則
〃　〃　小柳　賢二　〃　〃　坂口　満
〃　〃　前田　信　〃　〃　斉所　市郎
〃　〃　古里　浩　〃　〃　早馬　雄治

水俣市議会議長
斉所市郎殿

一、チッソ資本の応援をうけて市長になった浮池市長
二、殺された人間の値段を安く売られた浮池市長
三、患者の立場に立って呪いの言葉である

以上

◎**議長**（**斉所市郎君**）　地方自治法第百十七条の規定により、日吉フミコ君の退席を求めます。

◎日吉フミコ君　一身上の釈明をさせてください。

◎議長（斉所市郎君）　あとでいたします。

（日吉フミコ君退場）

◎議長（斉所市郎君）　提出者を代表して淵上末記君の説明をもとめます。

◎淵上末記君　日吉議員の懲罰動議の十四人を代表いたしまして、懲罰の理由を申し上げ、提案理由にかえたいと思います。本日の一般質問における日吉議員の発言はいろいろの角度から申しまして不穏当の言辞があるというようなことで、十分われわれも検討を重ねたわけでございますが、ただいま議長が日吉議員に対しまして、三ケ所にわたりまして、発言の取り消しをなされたわけでございます。これは自治法によって、議長の絶対なる権限でございまして、議員といたしましては、当然これに服すべきものでございます。

しかしながら、日吉議員はあえてこれを拒まれ、承服できなかったのでございまして、この件につきまして、非常に私は遺憾に考えておるわけでございます。議会の権威をお互い議員は高めていかなくちゃならない、お互いの発言につきましても、おのずから限度が実はあるわけでございます。幾ら言論の自由とは言え、その節度を守らなくては、公平な、この議会の審議というものは、これはでき得ないことは皆さん方のご承知のとおりでございます。かかる意味からいたしまして、議長に対しまして、懲罰動議につきまして、三つの案を、案件を出しておったわけでございますが、第一点といたしましては、患者の問題でございまして、患者がこのあっせん案について、呪いを持っておる言辞をされたのでございます。私はこの呪いということばにつきましても、いろいろ理屈はつけられますと思いますけれども、常識あるわれわれ議員といたしまして、この呪いのことばというものは、決して議会といたしましては、穏当の言辞であるということは、私は考えないのであります。こういう意味からいたしまして、議長に対して、この点ひとつ取り消してもらいたいということを申し上げておったわけであります。

第二の問題といたしましては、先刻申されましたように、チッソ資本の援護によって、市長になられたということを言っておりますが、普通の場合は、たいした問題でもないわけでございますけれども、水俣病を処理する場合においてです、あたかも市長がチッソの走り使い者のような、こういうふうに誤解されるふしも、非常にある時節におきまして、そういう言辞もまた、私は決して穏当でないと、かように考えるのであります。

また、大きな問題でございますが、殺された値段、いわゆる四百万というような金がありますが、これを浮池市長は、これを結局売り渡したというようなことを言っておるわけでございますが、きょうの各議員の質疑の中にも市長の言辞には決してさような言辞は一つも出ておりません。私は、絶対これは事実無根であるというふうに思うのであります。

今日の議会のこの議事録というものは、永久に残るわけでございまして、水俣の四万市民も県民もひとしくこの議会の成り行きについて、十分これは関心を持っておる重大な案件であるわけでございます。これをこのままにしていますならば、水俣市の市会議員は、どういう感覚の人間であるか、そういうふうな意味におきまして、この水俣の議会の品位を失墜する、私は非常に憂えるのであります。

そういう観点からいたしまして、この三点を取り消していただくべく、何回となく各派交渉会あるいは議運におきましても、十分慎重に慎重を重ねて、円満裏にお互いが話し合って、そうして無事に解決するように、これを努力をして、時間延長までいたしまして、今日ただいまなったわけでございますけれども、これが遺憾ながらできなかったことを非常に私は残念に思うのであります。

こういう問題からいたしまして、私は懲罰の動議に、どういう方面で当たるかと申しますと、第一に、かかるこの言辞は、議会の権威を非常に失墜する、これを私は十分申し上げたいと思います。

第二に、この三点については、われわれの調査するところにおいては、事実無根である、事実がない、かように私は信ずるのであります。いろいろのこの発言の中に、市長に対し、あるいは無礼な言辞がなされておるわけでございますが、これは良識ある議員といたしましては、十分慎まなくちゃならない、将来においても十分これは取り締らなければならない、こういう見地からいたしまして、われわれも自己反省いたしまして、これは十分お互いが討議すべきものである、かような意味で、この点をあげておるわけでございます。そういたしまして、議会あるいは議員の品位が非常に失墜する、こういうことも憂えております。

かかる意味からいたしまして、先刻も申し上げましたとうり、議会においては、いろいろのこの発言は、十分この幅の広い発言ではございますけれども、やはり発言についてはおのずからその責任があるわけでございます。発言についての限度があるわけであります。

私はそういう問題を、ここに取り上げ、十分お互いに検討し、そして本市のためにお互いの議会の権威を高めるために、特別委員会をつくってですね、十分善処したい、そしてりっぱな明るい、議会の品位を失墜しないような議会にもっていきたい、かような観点から、私はこの動議を提出し、ここに提案の理由を述べたわけでございます。どうか賢明なる議会の皆さん方、十分ひとつご検討くださいまして、全員ご賛成くださいますことを切にお願いいたしまして、提案の理由にかえたい次第であります。以上。

◎**議長（斉所市郎君）**　これより動議提出者の説明に対する質疑に入ります。

この際、ご注意いたしますが、懲罰動議には、ただいま討論はできませんから、あらかじめ注意しておきます。

◎**広田愿君**　日吉議員に対する懲罰動議提出者を代表して淵上議員の説明がありましたが、淵上さんは地方自治法の第百二十九条の中の一つを取り上げてあると思います。さらには、百三十二条のいわゆる「無礼の言葉」という、このことばをとらえてですね、提案された。さらには、いまのことばの中には、議事録の中に、永久に残ると、そのことばが残るというようなことで、提案理由の説明のほうでも、なされておりますけれども、議長の職権において、先ほど議長が読み上げたようなことで、不穏当な部分を、議長職権で削除したということからするならば、何もこの懲罰動議を出さぬでもいいのじゃないかというふうに思いますが、これについての淵上議員の解釈をひとつお聞かせ願いたいと思います。

◎**淵上末記君**　広田議員の質問にお答えいたします。

いまご質問がございましたように、百二十九条によって、議長の職権によって、日吉議員のこの発言は取り消されたわけでございますが、一応この問題については済んだように思うわけでございますけれども、この議会というものは永遠に、永久に続いてまいるわけであります。お互いも十分勉強して、そして議会の失墜がないように、権威が保たれますように、自由な発言といたしましても、節度があるということを、お互いが十分反省する、こういう意味からいたしまして、これは取り上げ、十分検討する必要があると、かように思っておるわけでございまして、ただいま申されましたように、自治法第百二十九条の議事録のこの抹消については、あなたのご意見のとおりでございますけれどもわれわれのこの提案をしました、そのときまでは議長のそういう取り計らいがあるというふうなことにつきましては、承知をしておらなかったわけでございます。

◎元山弘君　ちょっと提案者に質問いたします、第一にこの懲罰に適するという三つの理由があげられましたけれども、第一に議会の権威を失墜する、こう言われましたけれども、その議会の権威の失墜というのは、どこに対して失墜するのか、その点を具体的にひとつお示し願いたい。

それから第二の点で、三つの発言はすべて事実無根だとこう発言されて、懲罰の理由にされておりますけれども、たとえばチッソ資本の保護で市長になられた、これは事実推薦されて上がられたわけですから、私はその事実無根ということが、すべてあてはまるかという点については、疑点を残しますので、あの発言が事実無根だという証拠を、出していただきたい。以上、まず二点質問いたします。

◎淵上末記君　お答えいたします。

チッソ資本の問題についてですね、結局事実無根だというようなことでございますが、私が考えておりますことは、チッソ資本の援護ということになりますと、どうもこの金でももらって、その金で当選したというふうに誤解をうける、かようにわたしは思うのであります。チッソそのものについて、会社がこれに援護したというふうな、この問題につきまして、チッソも浮池市長を援護したこともありましょうけれども、またその反面においては、これを援護しなかった人もあると私は思います。これは全部が全部、チッソが浮池市長を応援したというものではなくして、けさもお話がありましたように、四万市民そのものが、大多数が浮池市長の実現に協力されて、浮池市長が実現された、こういう意味からいたしましてです、そういうこの資本の援助と申しますと、金銭的の援助を受けるような誤解を受けるおそれがあるからで、こういうものは削除すべきだと、こういうことでございます。

一つはですね、事実かどうかというようなことにつきましては、今朝から、いろいろ前嶋議員、日吉議員のほうから、いろいろの討論があって、十分私は聞いておりますが、私が感じたところによりますとですね、そういういま三点あげた問題について、全然市長は知らない、そういう意味からしまして、関係がない、かように私は信じて、われわれは信じて、それを事実無根だと、こういうことを申しておるわけです。

◎元山弘君　さらにお尋ねします。

チッソ資本の援護ということばを使うと、金でもらったように、その誤解を招くと言われますけれども、当然チッソ資本というのは、これは学名上もですね、やはり資本を提起するときは、三菱資本だとか、チッソ資本だとかですね、八幡資本とか、またさらに厳密に言うならば、こういう独占段階になってきますと、チッソ独占資本とか、学名上許されたことばで、それをそういう資本ということばを使えば、いかにもそのもらったというふうに曲解されるということは、これこそまた発言を非常に歪曲した点になるのではなかろうかと、どうしてチッソ資本と言えば、金をもらったように受け取れるのか、その点について再度お尋ねしたいと思います。

なぜならば、この点が理由の大きな論点になっておりますので、どうしてもただしておきたい。さらに、私はさっき質問しましたけれども、議会でそういうことばを使うと、議会の権威を失墜するのだという、ほかのあと二点のことばも使ってありますが、どんな権威が失墜するのか、ほんとうに水俣病のように、こういう悲惨な問題を起こした企業の責任を追及するというのは、当然議会がいままで、われわれが十分できなかったところにこそ反省しなければならないのではなかろうかという、私は見解に立つわけです。

そうしたら、当然チッソの今度の補償をめぐって、企業責任があいまいにされるという点についてはですね、われわれこそその企業責任については、全市民あげて追及すべきことだと、これは当然なことだと、現在の水俣市民、全国の国民のためにも、また全世界の公害をなくして住みよい環境をつくるという点でも、最もおそるべき水俣病を起こしたこの地元でこそ企業責任を追及しないのが権威を失墜するという考えを持っておりますので、提案者の権威を失墜するのが、どういう権威が失墜するのか、その点について再度お尋ねしたい。それから、また事実無根だという点について、四万市民は信じているとか言われますけれども、事実無根だという証拠を出していただきたい、そうしなければ、信じておるからだということでは不穏当だということに当たらないと、私は考えますので、再度質問します。

◎淵上末記君　いろいろまあご質問ございますが、結局浮池市長が、患者を売ったと、こういうふうに事実でないものを、こういう神聖な議会で発表して、浮池市長はそんなことではないんだということを言っておるのに、言いっぱなしで、これがいいのか、ね、こういうことが議会の権威を失墜していくわけでございます。いま申しますように、議員というものは、どういうことでも、言って、そして言いっぱなしでいいのかということなんです。そういう意味でです、浮池市長がそういうふうに患者を売り、あるいはそういうことをしておればですね、それはあなたが言うようになりますけれども、全然ないんだと、われわれはそういうことを信じておる、それに対して、こうだという一方的にきめつける、そのことこそですね、結局われわれ議員に対してですね、これは一つの何といいますか、これは謀略といいますか、いろいろ誤解を招く一つの問題になるわけでございまして、やはり議会も真相をただして、ただしいことをやっていかなきゃならぬわけでございますから、そういう意味からいたしまして、私は議会の権威を失墜するから、そういう言辞はやめてもらいたいと、こういうことなんです。浮池市長がそういえば、金でももらっておるというふうなことが、そんなら、もらわぬというような証拠があるかと、こういうふうな、どうも、人になぞをかけて、そしてそのなぞが解けないのに、そういうふうな暗示を与えて、これを事実化するいうことは、これは一つの言論の謀略なんだ、そういうことは議会人として、責任ある者の慎まなければならない問題であると、私はこういうふうに考えておるわけでありまして、私はそういう意味からいたしまして、十分日吉議員のいまの言論について、私のみならず、この十四人の同志が十分研究に研究を重ねて、この結論が生まれた問題でございますので、全部の人がそういうふうに思っておるわけなんです。そういうことで、ひとつご了解を願いたい、かように私は思います。

（「採決、採決、関連」と言い、その他発言する者あり）

◎元山弘君　再度質問します。

一議員の政治生命にかかわる問題でございますので、私たちもこういうものごとを処理する場合は、事実からよく事の真相を深く洞察してやらなければならない、そうしなければ、それこそ議会の権威は失墜してしまう、だから、私たちはこれは不穏当だなあというふうに考えない、しかし提出者は不穏当だときめつけて出されたわけですから、再度、そういう意味でお尋ねするわけです。さっきの質問の中で、まだ答えられておられない部分もあります。再度質問します。

◎議長（斉所市郎君）　以上をもって質疑を終結いたします。日吉フミコ君から、本件について一身上の弁明をしたい旨申し出がございました。

おはかりいたします。この際これを許すことにご異議ございませんか。

（「異議なし」と言う者あり）

◎議長（斉所市郎君）　ご異議なしと認めます。よって、日吉フミコ君の一身上の弁明を許すことに決しました。

（日吉フミコ君入場）

日吉フミコ君に一身上の弁明を許します。

（日吉フミコ君登壇）

◎日吉フミコ君　ただいま懲罰動議が成立したようでございますけれども、私はこの懲罰動議に対して、たいへん光栄に思っております。というのは水俣病患者の命を安く売ったと、そのことばを私は取り下げなかった、私は死んだ人に対して、ほんとうにこの一言が、死んだ人に対するおわびのことばであると私は思っております。

私は何か胸の中がすっとして晴れ晴れとした気持ちでおります。いろいろございましたけれども、チッソ資本ということに対しても、チッソという会社と、チッソ資本というのは、私は同じであると思いますが、市長は、チッソ資本からご推薦をお受けになったことは事実でございます。何にも私はうそは言っていない、一月二十二日、新聞もちゃんと書いてございます。

チッソ資本の、チッソ資本といえばいけなかったら、チッソ会社のご推薦を受けて、市長に立候補されたということは、確実でございます。そして、またチッソの合理化に賛成するという立場でお立ちになったということも、ほんとうでございます。ほんとうのことが言えない、真実を言ってなぜ悪い、真実を押えようとする暴力がある、それがこの水俣の実情であると、私は思います。

私が言ったことは、神明に誓って間違っていることは言っていない、皆さんが水俣病患者に対して、どういうような気持ちで、いままで接しておられたか、心にじっと、胸に手をあてて思い浮かべていただくと、よくわかると思います。死者の霊にかわって呪う、死者は何にもものが言えない、けれども、私は数多くの患者家庭に行って、死者がどういうふうにして苦しみ死んだかということも、よく聞いて、その死者であるならば、ほんとうに水俣の人間の命は安かったと、呪うでありましょう。

補償処理の中に、企業責任が明確にしていなかったと、市長はさっきもあれでは不満であったと、おっしゃいましたが、不満であるならばあるように、なぜそういうところを指摘して、企業の責任が明確になっていないじゃないか、厚生省は四十三年九月二十六日、水俣病の原因は、チッソの廃液であるということを言明しておるじゃないか。ネコ実験のことは、知らなかった、そのとき思い出せなかったとおっしゃいましたけれども、当時医者であった市長は、ネコ実験のこと、たとえば病院の中でネコ実験があったり、熊大でネコ実験があったりしたことは、十分ご存じでございます。

ネコ実験の事実を知りながら、原因がはっきりわかっているということを知りながら、ああいう処理のしかたをしたということが、いけなかったと私は思います。人間の値打ちはつけられない、値段はつけられないとおっしゃいましたが、ほんとうにつけられません。しかし現在の社会情勢、社会通念から考えまして、常識から考えまして、いまの人間の値打ちは、これくらいだ、それじゃ十年前に、この水俣病というのは起こって、そして死んでいるんだから、それじゃいまで換算すると、こういう値段だ、しかし、過去に十年間も経緯があって、こういうふうになっているから、これだけということになったというような、明確なるもとに出てきた値段、値段ということは、非常に申しわけないわけですが、金額ならばやむを得ないところもございますでしょう。しかし、そういうような企業の責任が明らかでない、こういうような補償金額をつくったということは、私はやっぱり死者にかわって呪いたい。そのことが、死んだ人に対する私のおわびでもある、心から思うわけでございます。それじゃ、これで終わります。

◎**議長**（斉所市郎君） 暫時休憩いたします。

（十七日　午後六時五十二分　休憩）

（十七日　午後八時三十一分　開議）

◎議長（斉所市郎君）　休憩前に引き続き会議を開きます。

この際、おはかりいたします。懲罰の議決につきましては、会議規則第百十一条の規定により、委員会の付託を省略することができないことになっております。

よって、本件については、九人の委員をもって構成する懲罰特別委員会を設置し、これに付託の上、審査することにいたしたいと存じます。これにご異議ございませんか。

（「異議なし」と言う者あり）

◎議長（斉所市郎君）　ご異議ございませんから、懲罰特別委員会は、九人の委員をもって設置することに決定いたしました。

（「動議は成立しておらぬ」と言う者あり）

◎議長（斉所市郎君）　おはかりいたします。

ただいま設置されました懲罰特別委員会の委員の選任については、委員会条例第五条第一項の規定により、淵上末記君、古里浩君、前嶋昭光君、村上実君、広田愿君、斎藤実之君、松本充君、山川正進君、元山弘君、以上九人を指名いたしたいと存じます。これにご異議ございませんか。

（「議事進行について」と言う者あり）

◎元山弘君　ちょっと、この議事の進行についてですけれども、さっき休憩前は懲罰動議が提起されて、そして、その理由について質疑討議をしたということに考えておるわけですけれども、当然これは採択をする、可否を決定する必要があるんじゃなかろうかという疑義があるわけですけれども。

◎議長（斉所市郎君）　ちょっと待ってください。暫時休憩いたします。調べてみます。
（十七日　午後八時三十四分　休憩）
（午後八時三十六分　開議）
◎議長（斉所市郎君）　休憩前に引き続き会議を開きます。
さっき九人指名をいたしましたが、これにご異議ございませんか。
（「異議なし」と言う者あり）
◎議長（斉所市郎君）　ご異議ございませんから、九人の諸君を懲罰特別委員に選任することに決定いたしました。
◎日吉フミコ君　はい、わかりました。
それでは、市長に続いて質問をいたすわけでございますが、処理委員案の作成の経過と要領を読んで不満だったとおっしゃいましたが、それはどういうところがご不満でございましたでしょうか。
◎市長（浮池正基君）　先刻も申しあげましたとおり、処理委員会から第一日目に第一案が出されましたときに、私は互助会代表の方、一任派の代表の方に付き添っておって、見ましたときに受けた感じが、金額が少ないと、感じたわけでございます。どういう感じであったかと申されましたので、金額が少ないなあと、感じましたと申し上げました。
◎日吉フミコ君　それじゃ、もうそのほかには、経過と要領をお読みになりまして、お感じになりませんでしたですか。金額を出す前に、必ず「水俣病補償処理案作成の経過と要領」というのが、出されているはずでございますね。たとえば、三十四年のときでしたら、それを出す前に調停案というものが示されて、こういうことで調停をしているんだということが示されるわけでしょう。その処理案作成の経過と要領というのが示されたと思いますが、それをお読みになりましたかということです。

◎市長（浮池正基君）　読みました。

◎日吉フミコ君　じゃ、どういうところを、これはおかしいなとか、これは不備だなあと、これは足りないなあというようなところにはお気づきになりませんだったでしょうか、市長として。

◎市長（浮池正基君）　第一日目に示された経過と要領について読みましたときには、気がつきませんでした、何も感じませんでした。

◎日吉フミコ君　それはずっと最後までお気づきにならなかったわけでございますね。

◎市長（浮池正基君）　どういうことを気がついたか、つかないかということですか。

◎日吉フミコ君　たとえばですね、「あっせん着手に至るまでの経緯」というようなことが、一番にございます。

「二、あっせん案作成に至る経過」というのがございます。「三、会社の法律的責任」というのがございます。「四、会社の社会的責任と補償額」というのがございます。「五、当委員会の補償案作成の方針と要領」というのがございます。「六、付言」というのがございます。そういうものは、お読みいただきましたでしょうかということです。

◎市長（浮池正基君）　お読みいたしましたと、もうしあげました。

◎日吉フミコ君　はい、じゃその中で、それにはもう何も気づかれなくて、これは非常にりっぱなものだと、お思いになったわけでございますね、あとは。

◎市長（浮池正基君）　りっぱなものだということも感じませんでしたが、何も感じませんでした。

◎日吉フミコ君　あなたは市長としておいでになりましたでしょう。市長としておいでになりましたら、あなたは水俣市では、超一流の学識経験者。学識、識見とも豊かな人だなあと思っております。その市長さんが、その経過とか要領について何にも感じなかったというのは、ちょっとおかしいんじゃないでしょうか。

◎市長（浮池正基君）　質問が感じとか、何か言われますから、私も答弁に非常に困るわけでございまして、どういうところを、どんなに感じたとか、さようにご指摘いただければ、私の答弁も違ってくると思います。

◎議長（斉所市郎君）　傍聴席で発言する者は退場を命じます。

◎日吉フミコ君　どういうところをどう感じたかというよりも、それをお読みいただいたら、必ず市長ならば、ぴーんと感じなくちゃならないところであるはずです、これはおかしいなあと、これは水俣市民の補償処理にあたっては、不利なところだと、これはいいところだと、そういうことをお考えになっただろうと思います。そういう意味では、そのいま一から五まであると言いましたけれども、そこの中を十分ご検討いただいて、ここはよし、ここはちょっとおかしい、おかしいなら、どういう意見をおっしゃいましたか、おかしくないならば、黙っておられた、感じなかったとおっしゃいましたから、何もおっしゃられなかったわけでしょうね、この案については、ご意見は。

◎市長（浮池正基君）　はっきりと指摘していただければ、非常にけっこうでございますけど、意見を私は申し述べる立場にございませんでした。全然意見は、私の意見は申しておりません。それは互助会一任派の代表にお聞きになればわかると思います。私は全然自分の意見を申しておりません。

◎日吉フミコ君　じゃ、自分の意見は言うところがなかったとおっしゃいますならば、それを受けられる一任派の方たちに、ここはちっとおかしかじゃなかか、あなたは市長だから、ここはもうちょっと考えならんところばい、というような助言があっていいわけでございますね。

◎市長（浮池正基君）　私は立ち会い人でございますので、そういう意見を申すのは、はばかれるわけだと、そう考えております。

◎日吉フミコ君　立ち会い人、立ち会い人とおっしゃいますけど、最後の段階になりまして、患者にはいろいろな立場の人がございますので、これから先は、浮池市長と松田漁協長に、かわって交渉委員になってもらいますと、はっきり言うておられますね。

◎市長（浮池正基君）　そういう話がありましたけれど、千種座長に断りました。

◎日吉フミコ君　そうしたら、断られたら、最後に妥結するまでは、市長がですよ、あの階段を五階から八階までのぼったりくだったり、のぼったりくだったり、汗みどろの奮闘と書いてありましたけれども、ああいうのはなさらなくていいはずですね。

◎市長（浮池正基君）　階段を上がったりおりたりしたのは、あっせんのためじゃございません、ほかの理由でいたしました。

◎日吉フミコ君　ますますおかしいようでございますがはっきり代表に、最後の段階で頼まれたでしょう。
◎市長（浮池正基君）　頼まれておりません。
◎日吉フミコ君　それじゃ、だれが最後の調停をのむかということは、最後の調停はそれは、のむのは互助会でございますでしょうけど、それをのむようチッソのほうにも、互助会のほうにもお話しいただいたのは、市長でございますでしょう。
◎市長（浮池正基君）　そういうことは全然しておりません。何かの間違いではございませんでしょうか。
◎日吉フミコ君　それじゃ、だれが、そういう最後のまとめはやったのでしょうか。
◎市長（浮池正基君）　処理委員がされました。
◎日吉フミコ君　もちろんですよ、処理委員との間で交渉、互助会の意見を聞いて、その意見を処理委員に、チッソに、それは処理委員に、それはあなたがなさったんでしょう。
◎市長（浮池正基君）　何度も繰り返しますけども、私はやっておりません、何度でも申し上げます。
◎日吉フミコ君　それはわかりません。私はやっておりませんと、いまから、調停の印をつかにゃんけん、私はあなたたちに話すひまもないというふうにおっしゃっていますでしょう。
◎市長（浮池正基君）　調停の印鑑じゃございません、立ち会い人の印鑑は、決定いたしましたとき、つきました。
◎日吉フミコ君　それじゃ、立ち会い人で、そうしておきましょう。立ち会い人で、なさった。ところが、立ち会い人になるならば、もちろん互助会員から頼まれていかれたんだから、この案をですね、お読みいただいて、そしてあなたが助言をなさるのがあたりまえじゃないですか。
◎市長(浮池正基君)　最初出発しますとき、市長はわれわれが心強いから東京に一緒に行ってくれぬかという切望がございました。そのときに私はあっせんではないですよと、私は、あなたたちの意見を聞くだけですよということを、はっきり断わりまして、東京に上京いたしました。厚生省のほうの身分では、立ち会い人として上京せよということでございました。前嶋議員にも、私午前中に答弁いたした次第でございます。日吉議員は水俣におられて、何か想像でお話になっているのじゃなかろうかと思います。
◎日吉フミコ君　想像じゃございません。ちゃんと書いてありますので、さっきもしるしをつけておったですけども、新聞にそういうふうに書いてございます。あの千種委員長がいまからは、二十七日の段階と思いますが、いまからは、浮池市長と松田漁協長に交渉委員になっていただきますということを言っておられますよ、うそですか、それは。
◎市長(浮池正基君)　だからお答えいたします。そういう話もありましたけれども、私は付き添いとして来ておりますので、お断りしますと、ちゃんと断ってあります。
◎日吉フミコ君　それじゃですね、五階と八階におる、そのどこで、それが通じますか、どこで、患者は五階におったと書いてありますでしょう、五階におられたそうです、実際また。そして処理委員の人たちは、チッソの人と八階におられたでしょう。その間の。
◎市長(浮池正基君)　処理委員があっせんをされたわけです。
◎日吉フミコ君　もちろん処理委員があっせんをされましたでしょうけれども、(「議事進行」という者あり）あっせんをされましたでしょうけれども、その間の交渉は、患者の意見を聞いて。
◎市長（浮池正基君）　処理委員が代表者と会われてされました。
◎日吉フミコ君　患者の意見を聞いてあなたが調整されたんですね。千種さんが、いまからは浮池市長と。
◎市長（浮池正基君）　それは話がありましたけど、私は断わりましたんです。千種委員、座長の三名の方からです、私にあっせん委員になってくれ、と申されましたけれども、私は互助会の付き添いで来ておりますので、お断りします、と断りました。
◎日吉フミコ君　何のために五階と八階を行ったり来たりなさったわけですか。
◎市長（浮池正基君）　これは午前中の前嶋議員の質問にも答えましたように、食事とか、何とか、いろんな面、宿泊の問題、こういうことも厚生省と私は話し合いをいたしました。八階に公害部長とか、それから局長、なんとか局長、こういう管理面の方がおられますので、八階に参りました。部屋が隣同士なんです。
◎日吉フミコ君　そういうね、走り使いをなさるためにいらしたんじゃないでしょう。走り使いはちゃんと衛生課長もいらっしゃるし、それに衛生課の係員の人も、もう一人ついて行っておるわけでしょう、それに秘書は連れて行かれなかったんですか、そういう食事の世話とか何とかそういうことをするためにおいでになったわけですか。
◎市長（浮池正基君）　食事とか宿泊とかは、厚生省には市長として私が、お願いをして取り計らってもらって、実際食事を取りに行ったり、新聞を取りに行ったりしたのは、衛生課長がいたします。

折衝は私がいたしました。

◎日吉フミコ君　どうも、そこのところが、なぞの何とかということになると思いますけれども、それにしても、市長だからですね、市長だから、自分は口出しするあれはないとおっしゃいましたけども、処理案が出てきた段階ではですね、やっぱりこれは、あなたは自分はただついて行ったばかりだとおっしゃいますけど、さっきもおっしゃいましたね、四万市民の市長だと、そうしたら、患者代表から頼まれたならば、自分はその患者代表の味方だから、患者が気がつかないときは、こういうところはどうか、こういうところはこういうふうに言うたらいいんじゃないかという助言をなさるのが、当然市民のしあわせに必要でございますね、そこのところは、どうお考えでございますか。

◎市長（浮池正基）　意見を求められたときは、私の意見を申しあげておりました。

◎日吉フミコ君　じゃ、もう一度聞きますけども、その持っておいでになりますでしょう、その案を、持っておいでになりますね。

◎市長（浮池正基）　はい。

◎日吉フミコ君　じゃその中で、これはたいへんなことになるばいと、ここはうそばいと、そういうところはございませんでしたか。

◎市長（浮池正基）　そのときにはございませんでした。

◎日吉フミコ君　それではお気づきにならなければもうしあげましょう。市長としては当然こういうことには気がつかなくちゃいけないと思うわけです。それは経緯の中でですね、「昭和四十三年九月二十六日、水俣病の原因に関する厚生省見解の発表を機に、互助会員の一部から契約に基づく補償額の要求があった」と、こう書いてございますが、これについてはですね、「互助会員の一部から」と、絶対そういうことはございませんよ、ちゃんと互助会はあの発表のあと、総会を開いて、そして三十四年の契約は、工場排水が原因でないというもとにチッソ会社は契約をさせたものでございます。だから、そのときに、互助会の人たちはチッソが原因ならば幾らでも補償はしますというとことばを、何回も聞いているわけです。だから政府認定があったので、はっきりチッソの責任が明らかになったから、あの三十四年の見舞い金契約は、見舞金だから、今度は当然補償金として出してもらわなくちゃならない、損害補償金として出してもらわなくちゃならない。そういう話が出まして、総会で全員一致チッソに交渉したのでございます。

だから市長ならば、そういうところもはっきり見きわめなくちゃいけないということが一つ。それから厚生省が認定したんだから、厚生省が認定したことを市長、国がまた否定するようなことがあってはいけない、そこのところもお考えにならなくちゃならなかったところと思います。それから、これを出すのにあたって、患者側代表や会社側代表にもしばしば会って、意見を聞いたと、また水俣にも数回おもむいたと書いてありますが、そこのところだって、ほんとうは十分じゃないということをさっき申し上げましたけれども、患者はおしゃべり、おしゃべりといいますが、話すことのじょうずな人は、一時間でも自分のうちの状態を話せる。しかし、たいていの人は語ることがへたなんです。それがたった一回、全体の患者家族と会ったのは一光園でたった一回でございましたね。

それでどうして事情がわかるのか、そこのところも十分お考えいただかなくちゃならなかった問題だろうと思います。また、その次には、三十四年当時は、「一般の権利意識が今日のように高くなかったこと」など書いてありますが、まことに残念でございます。権利意識が高いから請求する、権利意識が低いから低くやる、そういう考えに立った考えだろうと思うわけです。

まだ、いろいろございますが、最後にそこのところで言いたいことは、「本案は以上のような方針や事情によって作られたものであるから、今後新たに水俣病患者と認定される者があっても、そのままあてはまるものではないのはもちろん、必ずしも一般の公害患者に対する補償額の先例となるべきものでもないと考える」。こういうところを読んでみますと、まことに意味深長なことを書いてございます。

それでは、いまから新たに認定された患者はどうなるのか、新たに認定されてお願いしようとする患者は、何か今後また法律的に被害者救済法というのが、紛争処理法というのが、通過しましたので、その紛争処理法によって、熊本県は公害県でございますから、水俣病審査委員会とか、紛争、いや何かそういうような審査会とかいうのができますので、その法律に基づいたものでやってもらうのでいいかもわかりませんけれども、その最後のところが非常に大事なところであると思います。「必ずしも一般の公害に対する補償額の先例となるべきものでないと考える」。これを言えば、逆に言えば、必ずしもないと考えるから、してもいいということです。公害補償の前例にしてもいいということなんですよ。ここをつまびらかに読んだときに、私はこの補償処理案の、いろいろ千種さんたちは、これは公害紛争処理の前例になる、ならないというようなことを言っておりますけれども、人が知らないままに、こういう案をちゃんと、ぴしゃっと書いてある。まことに残念で、ここを読んだときに、私は全国の公害被害者に対して、まことに申しわけないと思ったわけでございます。だから、こういう文書は、読まないのがやっぱり普通でございます、こういう交渉にあたって、金額のことばっかりしか頭にないわけですね、市長もそうおっしゃいました。金額について、死んだ者はやっぱり低いとお思いになったと思います。この案について、こういう要領については、深くお読みにならなかった、意見もそういうものでなかったと、何も思いません、言いませんでしたと、おっしゃったから、三十四年当時のいまの互助会の人たちが見舞い金契約を結んだときに、どういう状態であったかということを考えますときに、そのときは、もう年の瀬も迫った三十四年の十二月三十日ですね、調印がなされたのは、だれも、だれ一人として患者側に立つ人はいなかった。

そういうときに第五条がちゃんとはまっていた。もし将来工場排水に起因することがあっても、新たな補償要求はしない。そういう条項が入っていたことなど、あのあわただしい中で一カ月もすわり込みをして、ただ何万円だけが問題に、頭にあったということは、想像してもはっきりわかると思います。

市長でさえ、水俣市の一番の有識者である市長でさえ、こういう条項について、何も考えていらしゃらないということは、あの当時の漁民の中で、そういう前文やいろいろなものがあるということなど読むはずもなく、考えるはずもないということが、ここではっきり証明されたと思います。だけど、なぜ、それじゃ新たな要求をしたのかと、それはその当時結んだのが、工場排水が原因でないという条件のもとに結ばれた。隣の患者が困っている、そしたら金持ちは恵んでやるのがあたりまえじゃないかという、そういうことで結ばれたのが、三十四年当時の契約でございます。だから、いま考えるならば、公害認定後、そういうものは非常に被害者の窮乏に、つけ込んだような契約は、公序良俗に反するので、無効だということが、いろいろ書き出されております。そういうこともあります。

当然国が認定したんだから、私たちは損害賠償を要求する必要があると思って、患者たちは今度の補償要求になったのでございます。そういういきさつを市長たる者はよくよく考えてなさらないと、日本国中の公害紛争処理に汚点を残すということを残念に思うのでございます。

次に介護手当についてでございますが、さっき入院患者の分は、どうなりますかと申しましたけども、入院患者については、申されなかったようでございます。私は当然それはチッソが出すべきものであると、入院患者のほとんどが介護を要する人たちだと思うからお聞きしているのでございます。

それから介護手当ての二番目につきまして渡辺政秋君が家に帰ったときや、坂本しのぶさんが生理があるときは、自分では処理ができないんですが、そんなときには、介護手当てはいただけるのでしょうか、どうなるんですかということをお聞きしました。

そのことについてもご返事を願いたいと思いますし、死亡者の認定については、市長はどうお考えになっておりますか、平竹信子さんのことを申し上げましたけれども、平竹信子さんは二十九年八月一日に死んでいるわけでございます。

その当時としては、たとえば細川先生のようなところにかかっていた人は、すぐに、ああ、それは、あれはそうだとわかりましたけれども、不幸にして、そうじゃないところにかかっていたり、死ぬるときが家庭、やむを得ず、さっき言うたように、あんまりじゃまになるから帰れと言われて、しかたなく帰って、家で死んだ。そういうときには脳炎として、そのまま放っておいていいのか。また、この平竹信子さんについては、わざわざ三十四年の十二月八日に市役所に嘆願書を出している。しかも市立病院には平竹信子さんのカルテがちゃんとある、そういうのにかかわらず、水俣市はいまの市長ではございませんけれども、水俣市として、やはりその責任は負わなければならないと思います。善処しますということを言っているんですから、カルテを調べて、県に審査を依頼しますということを言っているくせに、そういうことをしていないというのは、さかのぼって、そのときの責任を負わなければならない義務があると思うわけでございます。しかも、病気が発生しましたのは、二十八年と言われていますが、最初の、患者認定は三十一年の十二月一日でございます。それ以前の患者が、さっき言うたように十四人ぐらいおります。それが認定されているのに、なぜ平竹信子さんはいまになっても認定できないというのですか、三十四年以降に認定された人もおるのです、そういうところは、ほんとうに市長が水俣市民のためを思えば、わが子と思えば、そういうところは政治的な手腕を働かせるところじゃないかと私は思うのです。それについても、どうお考えになるか。また山田善蔵さんという人は、四十年の七月でございましたか死亡しております。

その人は熊本大学の武内先生の教室で解剖なされておりますが、はっきり水俣病の所見があらわれている、それなのに死亡者については認定しない。そういうのをきめている。それはどういうことなのか。それは浮池市長がまだ市長でないときには、審査委員でございましたから、その審査委員も死亡者については認定しないときめてございます。

しかし、はっきりした医学上の証明があるのに、なぜ認定しないのか、そこがおかしい。しかも山田ハルさんは、どういうところで、私たちにそのことをおっしゃったかと言ったら、新潟から問い合わせがきました。あなたのうちの主人が死ぬる前は、どんな症状でしたかということを、ずっと項目別に書いてありましたので、私はつけて出しました。

そのときに、私はほんとうにおかしい、自分の家の主人も水俣病じゃなかったろうかと思い当たるふしがたくさんあったろうと思います。それは筋萎縮でございますから、水俣病に似ている点もございますでしょう。しかし、解剖の結果、筋萎縮ばかりでなくて、水俣病の所見があるということは、筋萎縮の一つの原因にもなっていると私は思います。そこらあたりが、医者である市長はよくおわかりかと思います。学術的に証明できれば、しかも家庭の人が自分の家の主人も水俣病に認定してくださいと言って、言っていなければ別ですよ。たとえば、津奈木の開業医、松本先生は解剖をたのまれたんですけれども、水俣病だから解剖してくれということはおしゃらなかった。自分は八十何歳まで生き得たことはしあわせだったから、医学のお役に立ちたい、だから解剖してくださいとおっしゃいました。そして、また松本先生も水俣病であったということがわかりました。

けれども、それは家族の要求もないし、私たちからすれば、眼の手術ができなくなった、手がふるえるからということだから、それはいつの日か、そういうのにおかされていたということはわかります。やっぱり臨床所見にあると、私は思います。しかし、あそこの家庭では水俣病に認定するのは困る、認定してもらいたくないとおっしゃっておりますので、それでいいと思います。不顕性水俣病という名前がついております。

しかし、山田ハルさんの場合は、認定してほしいと言っておられます。それをけられるというのは、どういうことなのかということなんです。そういうのこそ、政治的な配慮、手腕が必要だろうと思うんです。それから、水俣病の患者が多発したところの人たちは、まだ審査請求をしたいと思っている人がたくさんおります。しかし、水俣病のことを言えば、おそろしか、隣近所からも、会社行きさんからも、何のかの言われる、だからしゅごたなかっ、そういう世論の圧力があるわけです。

私に対してさえ、電話による、それこそいやがらせだけでなくて、ほんとうに脅迫めいたものが何回ございましたでしょうか。私は水俣病のことにかけては命をかけておりますので、そういうものにはびくともいたしません。

一月に裁判に行くときにはありましたが、四ケ月ぐらいはもうございません。しかし、そういう見えざる世論の圧力というものは、非常に水俣病患者をいためつけております。いまでも、患者の家庭に、訴訟派の人たちにですが、いろいろな形で、あんたどま、もうすぐ金はもらわるけん、金は貸すばい、どしこでん使いなっせ、ちっとどまからだを休めたらどぎゃんかい、もう屋根ん修理どませんば、一任派の人たちは、もうすぐ銭ばもらわすで、うらやましゅはなかな。あんたどんがあんまりがんばるけん、チッソは逃げてはってくばい、こういうようないかにも同情的な、私は一つの暴力であると思うわけです。目に見えない暴力であると思うんです。暴力は排除しなければいけない、また市長にしっかり考えていただかなくちゃならないことが、もう一つございます。それはチッソが合理化計画をいたしましたのは、四十二年八月でございまいした。

皆さん、ほとんどの人がそのときからの、議員でございますので、おわかりでしょうけれども八月に全員協議会におきまして、チッソの五ケ年合理化計画という発表がございました。それは、いま二千七百名おるけれども、これを千二百名ぐらいにしなければどうしようもない、なぜかというたら、いまのカーバイト、電気化学では、もう石油化学に太刀打ちができない、だから私のところは石油化学に原料転換をいたします。それでやむなく水俣はスクラップをせざるを得ないのです。そういう説明があるにもかかわらず、何と一方では、会社行きの人たちが訴訟派の人たちをおどしているかというたら、さっきのようにあんたどんが、あんまりがんばるけん、チッソは逃げてはってく。水俣病の問題を私たちが市民会議として取り上げましたのは、その翌年の四十三年一月でございました。本末転倒しているわけです。

合理化計画は四十二年八月にちゃんと打ち立てられております。株主さんに利益配当をせにゃ申しわけがなかから、その利益を得るためには、こういうふうにして、これだけ削らなければならないということでございました。

このあと、工場誘致条例などが問題になってきたわけでございます。そこのところを、そのいきさつをよく市長はお考えいただきまして、この会社の合理化というのは、原料転換である。しかし、たとえ原料転換のためであるとはいえ、自宅待機者などを出して、同じ従業員でありながら、差別して苦しませているのは、いけないいじゃないか、そういう姿勢を、さっき言いました、チッソ資本から推されてるというようなことを言いましたけれども、そのことをお腹立ちになるならば、ほんとうに四万市民の市長でございますならば、そういう問題こそ、勇気をもって処理さるべき問題で、チッソに堂々と請求しなければならないと思います。

ただそのことだけでなく、医療手当ての問題にしましても、介護手当ての問題にしましてもしかり、また、いままで水俣病のために、水俣市が出している金などについても、この前は私は要求しろと言いましたけれども、これは議員の皆さん大部分の方が、それをお認めになりませんでしたが、はっきりこういうふうにわかってからこそ、ほんとうに水俣市民のためを考えるならば、何とか、引き出すべき金は引き出さなくちゃならない。また国民健康保険に対して、保険にかかっている人たちに対しても、非常な迷惑がかかっていると思います。それはどうしてかと申しましたら、国民健康保険の三割については、チッソと国と県が出すが、七割につきましては、やはり水俣市の健康保険組合に加入している人たちの税金の一部がそっちに回っているということも考えなくちゃならない。

そういうものだって、当然国が認定した、また国がチッソのそういうものを許しておったということになれば、当然国にそれを支払わせる権利がある、要求しなくちゃならない、国民健康保険は水俣市はこうこういう理由だから、もっと特別な交付金を出せということを要求しなければならないと思います。

筋はちゃんと立てて、そしてあなたがほんとうに水俣市民のために、新手腕を発揮なさるならば、そのときこそ、私は四万市民の市長であるといばるときであろうと思います。いまの介護手当ての問題についてご答弁を願います。

◎市長（浮池正基君）　死亡者の患者の認定について、あるいは新しい患者の水俣病名の決定についてては、さっき大橋院長がお答をしたはずです。熊本県には水俣病認定委員会、ちょっとことばが違うかもしれませんけれども、（「審査会です」という者あり）いや、審査会と違っていますよ。三月一日か四月一日発足しておるわけです。そういう諮問委員が、委員会が出きております。その見解に沿うたがいいと、私は思っております。

努力してと言われますならば、また再び取り上げてもらうように努力をいたしましょう。それから水俣病の介護手当、あるいはそういう問題で国にせよということでございます。それも私はいいことだと思いますけれども、私はまだそういうことよりも、大きな国からの水俣病に関する支援を考えております。これはまた（「わかりました、さっきおっしゃいましたので」という者あり）合理化その他の問題につきましては、いささか見解を異にしますので、ここでは申し上げません。

◎議長（斉所市郎君）　暫時休憩いたします。

（十七日　午後九時二十五分　休憩）

（午後十一時五十三分　開議）

◎議長（斉所市郎君）　休憩前に引き続き会議を開きます。

先刻の懲罰特別委員会の正副委員長には、互選の結果、委員長に淵上末記君、副委員長に村上実君が当選されましたので、ご報告いたします。本日はこれでもって打ち切り、明日は午前零時十五分より開会いたします。

本日はこれをもって散会いたします。

（十七日　午後十一時五十四分　散会）

六月十八日（三日目）

◎本日の会議に付した事件

議事日程のとおり

（十八日　午前零時二十三分　開議）

◎議長（斉所市郎君）　これより本日の会議を開きます。

本日は日程第一一般質問、日程第二日吉フミコ君に対する懲罰の件、日程第三以下は後刻印刷配布いたします。

▽日程第一　一般質問

◎議長（斉所市郎君）　日程第一一般質問について、前日に引き続き質問を許すことにいたします。

質問者も答弁者も、これまで正鵠を欠いているきらいがあり、要領よく簡明にお願いいたします。

◎日吉フミコ君　衛生課の山田課長の答弁がまだ残っておりますのでよろしくお願いいたします。

◎衛生課長（山田優君）　日吉議員の水俣病関係質問にお答えいたします。まず、医療手当、介護手当の普及措置についてでございますが、これは昭和四十四年法律第九十号「公害に係る健康被害の救済に関する特別措置法」によりまして、地域及び疾病の指定、患者の認定、公害被害者認定審査会の意見を聞いて知事が認定するわけでございますが、それによりまして公害医療手帳を交付された者に対し、介護手当て等の支給がなされるということになっております。そこで先程質問がありました一部介護についてでございますが、たとえば、渡辺政秋君が現在熊本のろうあ学校に入校いたしておるわけでございます。

次に、先ほど病院に入院している者の介護云々というようなご質問でございましたが、内容をよく聞いてみますと、現在湯之児病院に付添看護婦並びに看護人というのがついておるわけでございますが、この給与面を一体どういうふうにしているかというようなことのようでございますので、そのことについてお答えいたします。

昭和四十二年度、市から湯之児病院のほうに繰り出した金額について、年度を追って順次申し上げていきたいと思います。

昭和四十二年度が、総額におきまして、百一万八千六百三十八円でございます。このうち国庫補助金二十万六百十円、県費補助、国庫と同じ二十万六百十円、市負担分が六十一万七千四百十八円となっております。昭和四十三年度総額百七十四万二千八百九十三円うち国庫補助三十一万五百四十二円、県費補助同じく三十一万五百四十二円、市負担分百十二万一千八百九円でございます。

昭和四十四年度は、総額三百三十万五千六百九十七円でございますがこれに対す国県の補助はあっておりませんので総額、水俣市負担が三百三十万五千六百九十七円という、以上のとおりであります。以上お答えいたします。

◎日吉フミコ君　付添看護の費用を衛生課が負担している分が、そのとおりだとおっしゃいましたが、私は四十五年に被害者救済法が適用されるようになってからは、病院に入院している人たちにも、当然介護手当てをして、月に九千円ないし一万円のものが支給されてしかるべきじゃないかと、それを介護手当てのほうに看護婦の給料のほうに埋めるようにしたらどうかということを、もう一つ、お尋ねしたいと思います。

◎衛生課長（山田優君）　お答えいたします。

現在の法律のワク内では湯之児病院は一類看護の病院であるということから、支給対象になっておりません。以上。

◎日吉フミコ君　じゃそれはそれでよろしゅうございますが、さっきの市長の答弁の中に、死亡者についてというのがございましたが、まあ努力をしていただくということですけれども、三十四年十二月八日に、市にわざわざ嘆願書が出ておりますが、その措置をしていないということは、市に落ち度があるんじゃないかと、そのことはどう償っていただけますかと、それを言っているわけでございます。そのことについてどうお考えでございますでしょうか。

◎市長（浮池正基君）　事情がよくつまびらかに私わかっておりませんでしたので、答弁がおくれておりますけれども、その平竹信子さんのことにつきましては、この書類によりますと、平竹ハツノさんのお申し込みによりまして、寺本知事あてに嘆願書を送っているようでございますが、そういうことでございます。

◎日吉フミコ君　でも市が当時ですね、市立病院のカルテを調べて、保健所や県にお願いするということになっておりますが、市立病院のカルテをお調べになって、そして、その措置をなさったのですか、ただ嘆願書のみをお送りくださったんですか。

◎市長（浮池正基君）　その点につきましては、私もわかりませんが、要するに事実といたしましては、保健所、坂本所長、坂本末秋殿を通じまして、嘆願書を水俣市助役渡辺勝一という名前で、知事あてに送っていることは、事実でございます。

◎日吉フミコ君　それは昭和四十四年に新たに嘆願書を出した分でございます。三十四年の十二月八日に、ちゃんと新聞の記事に載っておるわけです、さっき読みましたが、そういう落ち度が市にはあったと、そして認定されないでおると私は思います。

なぜかというたら、三十一年十二月一日に初めての認定があっております。その当時は前にさかのぼって、二十九年にさかのぼって、ずっと死亡者について認定がしてございます。それはさっきも言いましたように、たとえば会社病院などに行っておられた人は拾い上げられたと思うんです。ところが家でなくなったような人、一たん市立病院に入院はしたものの、やかましいから帰れと言われて帰って、そして家で死亡した者について、そういう洗い出しがなかった。

だから三十四年の十二月八日に、市に嘆願書を持って来ておられる事実があるということです。そのあとの処置がそのままになっていたから、認められなかったことでしょうし、そのときに、適当に処置をされたならば、そのときはすぐ、まだ松本先生もおられたことでございますので、わかったと思います。それは浮池市長の責任じゃございませんけれども、それでも市がそういう、その当時誠意がなかったということに対しては、やっぱり何らかの誠意を示していただきたい、そういうふうに思うので、それに対して、どうお考えでございますか、どうしてあげようと、お思いになりますかということです。

助役にお願いします。その当時からずっと総務課長であったと思います。

◎助役（渡辺勝一君）　なにしろ十年以上前のことでございまして、よく調べてみないと、いまここでどうということは、なかなかこちらでもわかりかねます。非常に古い書類で、事実の経過がわかるかどうかと思いますけれども、できるだけ調べてみます。

◎日吉フミコ君　水俣市立病院にちゃんと平竹信子さんのカルテはございます。それは三嶋先生が預かっておいでになります。そのことは大橋先生もご存じでございますので、先ほど、どなたかに、そのことを言ってくださいと私は頼んでおきました。その死亡診断書には脳炎と書いてございます。そして、またそのときの主治医の松本先生にお聞きしましたら、そのときはわからなかったから脳炎とつけたんですけれども、いま考えてみると、水俣病じゃなかった、ということは私は言い切れませんと、おっしゃっております。

だから、やっぱりそのときの市が誠意がなかったと私は思いますが、その誠意を見せていただきたい、なぜかならば、さかのぼって、ちゃんと認定がしてございますので、さかのぼっても認定の方法はあると、こういうふうに思うわけでございます。

◎市長（浮池正基君）　前任者の時でございますので、私も十分その事情がわかりませんけれども、水俣病の認定につきましては、水俣病認定委員会というか、これはちょっとはっきりいたしませんけれども、現在新しい委員会があるようでございます。その委員会にかけていいと、提出していいと思います。

◎日吉フミコ君　委員会に提出しても、死亡者については、認定しないというふうにおっしゃっておりますから、それでも私はこういう不都合があっているんだから、何とか市長のご努力によってそういうものを認定させるように努力していただきたいと思うわけです。現に、そのときに一緒に陳情にこられた人がおられます。

二人ついて来たといわれる人がおられます。その人たちがおられますのでその人たちからも事情をよく聞いて、だれとだれかといいましたら、さっき申しました、百間の上のほうは、小田、その浦上町でございますが、そこの進東さんと、天理教におられる方ですが、進東さんの奥さんのほうでございますから、生きておられます、この間ご主人に死なれましたけど、その方と富永さんという、たばこ屋の目が見えないおじさんでございますが、証言をしておられます。それでよろしくお願いしたいと思います。

なお、さっきも申しましたように、死亡者については、山田善蔵さんという人の解剖の結果、水俣病であったということが、わかっているので、そういう明確なものについては、それこそ市の努力によって認定されるようにしていただきたいと、お願いするわけでございます。

それから先ほど助役のほうにお伺いしました百八十万の問題については、特交がこういうふうにふえているからということでお話になりましたが、それは三百万のことでございまして、百八十万は県に交渉中だと、去年説明をされましたが、それはどうなっておりますか、そのことが漏れておりましたので、お聞きいたします。
◎助役（渡辺勝一君）　百八十万と三百万と逆にとり違えておられやしませんかと思いますが、予算更生をしました時点では、県のほうの県のほうのそれで、それは県のほうは出ておりません、したがって、金額四百八十万が、特交のほうで見られていると、こういうふうに私どもは解釈しております。
◎日吉フミコ君　そういうふうには、この前説明はございませんでしたね。三百万についてという説明がございまして、百八十万については、説明はございませんでした。わざわざ三百万については説明があったわけでございます。
◎助役（渡辺勝一君）　私は三百万と数字を上げずに、四百八十万についてお答えしたつもりでございます。
◎日吉フミコ君　それじゃ、あとでまた調べていつかお聞きいたします。これでおわります。

▽日程第二　日吉フミコ君に対する懲罰の件

◎議長（斉所市郎君）　次、日程第二日吉君に対する懲罰の件を議題といたします。
法第百十七条の規定により日吉議員の退席を求めます。

（日吉フミコ君「たいへん時間をおくらせまして、そのことは皆さまにおわびいたします」と

言う）

（日吉フミコ君退場）

◎議長（斉所市郎君）　本件に関し、委員長の報告を求めます。

◎淵上末記君　先刻、懲罰委員会に付託されました日吉議員の懲罰の件につきまして、全委員出席いたしまして、日吉議員並びに市長の出席を求めまして、慎重に審査をいたしたわけでございます。その結果、本会議場において、一身上の弁明をなされたように、また委員会の席において、日吉議員の弁明を聞いたわけでございますが、本件については少しの反省の色も見られなかったのであります。

そこで、日吉議員に対して、三日間の出席停止の懲罰にすべきであるという意見と、懲罰に付すべきではないという意見に分かれたのでございます。そこで採決の結果、出席停止三日間の懲罰を付すべきことに賛成の者四人、反対の方が四人でございました。可否同数に相なったのでございます。出席停止三日間の懲罰を科すべきであると、この決定につきましては、委員長において栽決いたしまして、結局三日間の出席停止と相なったのでございます。以上が委員会の経過報告でございます。以上であります。

◎議長（斉所市郎君）　委員長の報告がありましたが、これについて質疑ご意見はございませんか。

（「異議なし」「異議あり」という者あり）

◎議長（斉所市郎君）　異議がありますので採決いたします。

本件に対する委員長の報告は、日吉フミコ君に三日間出席停止の懲罰を科することであります。

本件を委員長の報告のとおり決することに賛成のかたは起立願います。

（賛成者起立）

◎議長（斉所市郎君）　起立多数、よって日吉フミコ君に三日間の出席停止の懲罰を科することは可決されました。

（日吉フミコ君入場）

◎議長（斉所市郎君）　ただいまの議決に基づき、これより日吉フミコ君に対し懲罰の宣告をいたします。日吉フミコ君に三日間出席停止の懲罰を科します。これにて休憩とし、午前十一時から再開いたします。

十八日　午前零時四十八分　休　憩

エピソード9　率直に発言したり、怒りをたたきつけて懲罰

懲罰動議をくらった議員が多いとは思わないが、水俣市議として連続四期の在任中に二回というのは日吉が初めてで、水俣市議会の記録保持者となった。

昭和三八年六月一八日の一般質問。議員となって初めての体験であった。先輩議員から「何でもいいから、かねて思っていることを率直に話してはどうか」とすすめられたこともあって、質問に入る前に、こんなあいさつをした。

「戦前に教師として子供達を戦争にかりたてる教育をして、若い命を散らせてしまった責任を深く感じた。命を生み育てる母親、女性として、戦争の危機から子供達を守り、幸せにしたいと戦後も小学校教育に携わってきた。教師が教師だけであっては、自分の子供達、自分達のかわいい教え子を安心して守り育てていくことはできないと、市議会議員になる意思を固めたが……なってみると議会人は清廉けっぱくなお方ばかりで市民のお手本になられる方々とばかり思い込んでおりましたところ、まったくそうでなくがっかり……なんのために議会人になったのか、私はこういう中で自分の思っていること、やりたいことを貫くことができるのか悩みました。けれどもこういうことを思っている女性が一人でも議会人の中にいるということは大事だと思って心を持ち直し立ち上がっている」と。

市議となって一カ月半、抱負や市民の意思を市政に生かせねばと緊張して臨んだ初舞台で市議会に対する感想を率直に述べたものであったが、さっそく懲罰動議が出されてしまった。議事録で黒々と線が引かれた……ではさまれた文字の部分が削除された箇所だ。また「生徒の保護者でもない議員がPTA会長になっていて、PTAの前進に役立つのであろうか」と名指しで疑問を投げかけている。この二カ所が議員を侮辱したとして問題にされた。みんなの応援で市議になって、みんなの気持ちを代弁するやいなや、ここで議員をやめさせられることにでもなれば申し訳ないと思って発言の一部を心ならずも取り消した。

次の懲罰動議では、許された弁明の中でこのように日吉は述べる。「私はこの懲罰動議を、大変光栄に思っております。水俣病患者の命を安く売ったと、そのことを取り下げなかった。私は死んだ人に対して、この一言がお詫びの言葉であると思っております」と胸を張る。訴訟に踏み切れなかった互助会の一部は、結局第三者機関に補償問題の解決を一任する道を選ぶ。水俣病補償処理の、いわゆる千種委員会は、悪名高い三四年一二月三〇日の見舞金契約を無効とは断定できないとの立場で、極めて低額の補償を患者らに押し付ける調停を行った。調停成立後の市議会で、日吉の怒りが爆発する。調停の場に出向いた当時の市長に、水俣病患者の立場で行動しなかったことを鋭く追及するあまり、問題発言が飛び出す。「市長選ではチッソ資本の応援を受けて市長になった」「殺された人間の値段を安く売られた」「患者の立場に立ってあなたを呪う」というくだりだ。

（編　者）

日吉フミコの生い立ち

第一部　水保病と女性たち――水俣病市民会議会長・日吉フミコのばあい

石原通子（熊本女性学研究会会員）

はじめに

「水俣病市民会議会長の日吉フミコさん（八十歳　牧ノ内）が七月二日、東京都文京区民センターで第四回田尻賞を受賞しました。同賞は『公害Gメン』の名前で親しまれ、公害や労働災害の防止と被害者救済の先頭になって活躍した故田尻宗昭（元東京都公害研究所次長）さんの功績と遺志を後世に伝えるため設立した田尻宗昭記念財団が平成四年から贈っている賞です」と、「公報みなまた」（一九九五年七月十五日付）は報じている。

日吉フミコは小学校教員から水俣市議会議員となり、市民による水俣病支援組織である水俣病市民会議（はじめは水俣病対策市民会議と称した）を結成して、水俣病患者とその家族を全面的にささえ、水俣病第一次訴訟を支援した。

おいたち

フミコは一九一五年（大正四）三月五日、熊本県菊池郡北合志村（現・旭志村）の豪農、高宗益喜・キト夫妻の長女として生まれる。だが、放蕩して財産をつぶすような父に愛想がつきた母が離婚したあとで生まれたため、熊本女子師範学校受験の時になって、戸籍上私生児である者は受験資格がないという差別に泣いた。そこで母は「女も職を身につけていないと、わたしのように苦労する」と、娘の将来の経済的独立を願って、復縁をせまっていた父と再び結婚して、フミコを無事に入学させた。

女子師範学校の教育は教育勅語と御真影を中心にした天皇制イデオロギー、「満蒙開拓」をあおる軍国主義教育が徹底され、四年生のときの卒業生を送る会では、フミコの脚本・演出・主演による「行け満州」という劇を熱演して、中国人を犠牲にすることなど考えも及ばないような、純粋な皇国臣民に教育されていた。

小学校教員のころ

一九三四年（昭和九）三月卒業。一年だけ地元の小学校に勤務したあと、同僚と結婚してあこがれの「満州」へ渡って日本人小学校の訓導となり、一男三女をもうけた。しかし肋膜炎を患って、母と兄の住む気候のいい台湾へ移住して全快した。一九四三年（昭和十八）から台湾人のための国民学校へ勤務し、皇民化教育に専念したが、生徒を日本人として平等に扱ったので、敗戦によって支配と被支配の立場逆転のなかでも、教え子やその父母たちから親切にされた。国策に沿って植民地教育に邁進したフミコは、モットーである「真実一路」の方向が誤っていたことに愕然として、だまされていた自分を恥じた。

戦後のあゆみは、二度と過ちを繰り返さないという覚悟のもと、熊本県葦北郡や水俣市の小学校を歴任して、反戦と民主主義教育を、また教員組合の婦人部長として、男女平等や労働条件の向上に努めた。

水俣病患者との出会い

水俣病に大きく関与するきっかけとなったのは、一九六三年（昭和三十八）三月二十二日、担任の生徒の入院見舞いを終えて、水俣市立病院（現・水俣市立総合医療センター）の玄関を出ようとしたとき、北星学園女子高等学校の代表三人がスズランの花束をかかえて、遠い札幌市から水俣病患者を見舞いに来ているのに出会い、地元にいながら無関心だったことを恥じて、その後にしたがって病室へ行き、はじめて水俣病患者のすさまじい病状に接して、大きな衝撃を受けたことである。とくに胎児性水俣病患者の子どもたちが七～八人、むっと悪臭を放つ狭い畳の部屋に、タオルの胸あてをよだれでべとべとにしながらごろごろ転がって、犬の遠吠えのような唸り声をあげているむごたらしい姿に、三嶋功副院長の「話せず、見えず、聞こえず、座れず、歩けずという子どもがほとんどで……」という説明も聞くに堪えなくなり、逃げるようにして途中から帰ってしまった。

「私があの子どもたちの母親だったら、いったいどうすればいいのだろうか」と、床についても子どもたちの姿が、天井にちらついて眠れない夜が続いた。このころ、夫の校長昇進のために教頭だったフミコは教職を辞めざるを得なくなり、熊本県教職員組合からは、教育の現状改革のために水俣市議選立候補を要請されていて、迷っていた時だった。「市議会議員になったら、あの子どもたちのために何かできるかもしれない」と、ついに立候補を決意したのだった。

水俣市議会議員として

　そして、四期十六年のあいだ、水俣市議会でただ一人の女性議員として活躍することになる。その間に、水俣市議会はじまって以来今日に至るまで、フミコをおいては発動されていない懲罰動議を二回も受けた。それほど正しいと思うことを堂々と発言し、その実現に努力した。とくに水俣病は一九五九年（昭和三十四）の少額の見舞金と引き換えに、「第五条　乙は将来水俣病が甲の工場排水に起因する事が決定した場合においても、新たな補償金の要求は一切行わないものとする」という悪名高い条件付きの契約が結ばれてから、「水俣病問題は解決ずみ、水俣病のことを言うと、水俣が栄えない」と、市議会でも水俣病のことに触れると嫌われた。だが、フミコはチッソ株式会社水俣工場の八幡残渣プールの排水問題、水俣病の原因究明、患者救済などを追及した。胎児性水俣病の子どもたちに「一言でも言葉を話させたい。一歩でも歩かせたい」と、水俣市立病院付属湯之児病院（リハビリテーションセンター）の開院と、そこに水俣市立第一小学校の湯之児分室（特殊学級）の開設に尽力した。

　一九七〇年（昭和四十五）六月十八日の水俣市議会での懲罰処分は、五月二十七日に一任派が水俣病補償処理委員会の斡旋案を涙をのんで受諾し、「和解契約」を結んだ時に立ち会った浮池正基市長を追及したためであった。斡旋案は死者一時金百七十～四百万円、生存者一時金八十～二百万円、年金十七～三十八万円、そして企業責任を否定したもので、十一年前の契約と同じように補償金ではなく、見舞金にすぎなかった。

そのとき患者側に立って調停役を買って出た市長は何をしていたか。チッソ資本の応援を受けて市長となり、チッソによって殺された人間の値段を安く売った市長を、患者の立場に立って呪う、と語気強く述べた。この言葉が事実無根で無礼な言葉であり、議会の権威を失墜するものとして懲罰動議が出された。しかし、チッソの後押しで市長となったことも、水俣病で死んだ人の補償が安いことも事実である。死者に代わって呪うことが、議会の権威を失墜することにどうしてなるのか。企業責任を追及しない市議会こそ権威の失墜ではないかとの野党と、議会の品位と権威保持という与党の、噛み合わないやりとりが延々と続いた。

そして、フミコには三日間の出席停止の懲罰が科された。このとき、「この懲罰動議に対して、たいへん光栄に思っております。というのは、水俣病患者の命を安く売ったと、そのことばを私は取り下げなかった。私は死んだ人に対して、ほんとうにこの一言が、死んだ人に対するおわびのことばであると私は思っております。私は何か胸の中がすっとして晴れ晴れとした気持ちでおります。……真実を押えようとする暴力がある。それがこの水俣の実情であると、私は思います」と述べている。懲罰を取り下げなかったことを今も誇りとしている。

水俣病市民会議会長として

一九六七年（昭和四十二）六月、新潟水俣病患者三世帯十三人が提訴（新潟水俣病第一次訴訟）し、「水俣の二の舞をするな」と、広範な新潟市民の力を結集して、原因究明と補償要求に立ち上がった。そして翌年早々に水俣病を現地で学ぶために水俣に来ることになった。フミコはかねてから水俣病患者に対する市民の支援組織をつくらねばならないと考えていたので、早速、松本勉たちと準備を進め、一九六八年（昭和四十三）一月十二日に、「一、政府に水俣病の原因を確認させるとともに第三、第四の水俣病の発生を防止させるための運動を行う。二、患者家族の救済措置を要求するとともに被害者を物心両面から支援する」という目的を掲げて、水俣病市民会議を結成した。その日集まった人たちは水俣病患者家庭互助会、医師、ケースワーカー、教師、水俣地協関係、新聞記者、市役所職員、水俣市議会議員など三十六人、このなかにチッソ第一労組員が加わったことは大きな力となった。発足してみると、資金もないのにやらねばならないことが、次々と出てきた。

一月十八日、厚生大臣になった天草出身の園田直代議士がお国入りするので、会いたいと思ったが関係者から断られた。だが、県立松橋療護園訪問の情報を得て、水俣病患者家庭互助会と水俣病市民会議の人々を引き連れて、直訴したのである。

一、水俣病の原因を公式発表してほしい。

二、見舞金を生活保護費から差し引かないでほしい。

三、胎児性水俣病の子どもたちのために、市立病院付属湯之児病院の特殊学級の分室をつくってほしい。

と、幟を立てた大勢の後援会の人々が、あっけに取られているなかで声涙下る陳情をした。これが功を奏して、この年の九月二十六日、政府はチッソ水俣工場で生成されたメチル水銀化合物が原因と断定し、公害病と認定した。

次に一月二十一日、新潟水俣病訪問団が水俣駅に降りたった。水俣病患者家庭互助会と水俣病市民会議は、「新潟・水俣手をつなごう」の横断幕をもって出迎えた。この日から水俣と新潟がかたく手を結ぶとともに、全国の公害地の人々と団結して公害を根絶し、生命と健康と暮らしを守る闘いが始まった。

請願書や陳情書を水俣市議会や厚生省ほか各関係省へ提出したり、熊本県各地区労、全国の労働組合などに水俣病の闘いに対する支援を要請するなど、めまぐるしい運動につき進んでいった。最初の政府への陳情に上京した時に、父高宗益喜（七十七歳）他界の知らせが届いたが、フミコは全ての日程を終えてから帰路についた。

新潟水俣病、四日市喘息、富山イタイイタイ病などの裁判には、水俣病患者とともに傍聴に行った。真実を追究し、公害をなくすためには裁判をおこして、公衆の面前でその根源を明らかにする以外にはないと決意して、水俣病患者家庭互助会と水俣病市民会議の話し合いがもたれた。裁判を起こせば今もらっている見舞金はもらえなくなるのではないかなどの動揺がおこり、一任派と訴訟派に分かれる結果となる。

一九六九年（昭和四十四）六月十四日に、フミコは訴訟派二十九世帯と水俣病市民会議四十人を引き連れて、熊本地裁に訴状を提出した。弁護団、熊本大学医学部、チッソ第一労組などの全面的協力と、総評、高教組、熊教組などから多くのカンパが寄せられ、そして全国からの支援に支えられて、運動は急速に発展した。だが、地元では「日吉がくると、ボラの値段がさがる」「モッコスばばぁ」「東京、大阪と水俣の恥をさらして歩いている」「株主総会に一株もってテレビに出ようと思っとる」などの陰口が聞かれ、フミコの家には嫌がらせの電話がかかり、夜中に戸口を叩かれ、市議会中に呼び出されて脅されるなどのこともあった。また水保病患者と水俣病市民会議への誹謗中傷のビラ、それに対する反論のビラが、数日おきに新聞に折り込まれた。

一九七三年(昭和四十八)三月二十日に勝訴、同年七月九日の補償協定書には三木武夫環境庁長官、沢田一精熊本県知事、馬場昇社会党代議士、日吉フミコ水俣病市民会議会長が、立会人として調印した。フミコは調印するまでの長い苦しい闘争を全力を尽くして支援した。水俣病患者を背後から支え、あるいは前面に立って人権を主張する姿は「まさに母性そのものであり、一族を引具するかっての母権社会の族長」を思わせた。

水俣病に明け水俣病に暮れるという水俣病問題に自分の全生活をかけた結果は、夫との離婚となったが、少しも後悔していない。

一九七九年(昭和五十四)、六十四歳で、四期十六年務めた水俣市議会議員をやめたが、ベトナム枯葉剤被害者への医療救援活動、毎月八日には「戦争を許さない女達の会」の反戦デモ、独り暮らしの水俣病患者の訪問看護、あるいはチッソ水俣病関西訴訟の支援にかけつけるなど、今も元気いっぱいに活躍している。

くまもとの女性史編さん委員会編『くまもとの女性史・本編』
くまもと女性史研究会発行、二〇〇〇年刊より転載

第二部　幼き日々

日吉フミコ

生い立ち

私は大正四年（一九一五）三月五日、熊本県菊池郡北合志村《きたごうし》（現菊池郡旭志村）で高宗益喜・坂本キトの娘として生まれました。父・高宗益喜は村一番の豪農の家に生まれましたが、真綿にくるむようにして育てられたそうです。あまやかされ過ぎたのでしょうか、益喜は放蕩息子に成長してしまいました。そのため、益喜の父、常太郎は息子の手綱を引き締めてもらおうと、親類すじのしっかり者で、一歳年上の坂本キトと結婚させました。やがて長男・守が生まれましたが、益喜は隈府町《わいふ》（現・菊池市）の遊廓がよいをやめず、合志川流域の開田事業を起したりして、水害で元も子もなくし財産をつぶしてしまったそうです。母は益喜と暮らす毎日がいやでいやで、益喜と別れて実家へ帰ることばかり考えていたそうです。

父母は婚姻届を出して三年目の大正三年（一九一四）九月一九日に協議離婚し、母は長男の守をつれて、同じ大字新明に住んでいる父・坂本鶴松、母・チカ、兄夫婦、弟夫婦、その子供たち、そして妹のツユカのいる実家に帰ってしまいます。父・鶴松は近所の懇意にしている赤峰家の宅地の一角をかりて、八畳と四畳半二間きりの家をキトのためにたててくれました。家のそばには大きな椋の木があり、春にはのうぜんかずらの花が咲き、そばには小川が流れていました。

その家で三歳になる長男を育てながら私を出産したのでした。明治一九年式の戸籍簿には、私は戸主・坂本鶴松の「孫」、父母の欄には戸主の「二女キト」と母の名だけがかかれています。
私が私生児として戸籍にかかれたのは母方の祖父・鶴松が自分の孫「坂本フミコ」として戸籍にいれたのでしょう。

小学校へ上がるころの私は、晴れた日はいつも母につれられて母の生家にいきました。母は鍬や鎌を持ち、竹でつくったメンツ（弁当箱）に粟や麦、カライモなどのまじった三穀めしを詰め、竹筒にお茶をいれて担いでいくのは私でした。

一番のたのしみは弁当開きでした。小さな塩いわしが四～五匹、それに私が摘んできたノビルを母は手の土を畦の草になすりつけて落とし、それを細かくちぎってしょんしょん（味噌の一種）でノビルをまぶしますと、それがすごくおいしい。おしゃべりをしながら、母と食べるときはほんとうに幸せでした。ノビルが生える季節は、私は精をだして摘みました。十把くらいを束ねて持って帰り、油で炒めて味噌で味をつけ晩のおかずにするのです。

畑の帰りや遊びの帰り道に竹切れや木の枝、杉の葉が落ちていると、私はかならず拾って帰りました。馬の糞が落ちていると、コイドリ（竹のヒゴで編んだ運搬具）を持って拾いに行き、裏の畑に少しばかりつくっている野菜のこやし（肥料）にしました。風の吹いた翌朝は鎮守の森へ朝はやく行って杉の葉を集めました。杉の葉拾いは当時の子供たちの仕事でもありました。風呂の炊きつけには最適でしたから、近所の人たちは私を親孝行者と褒めてくれました。雨の降る日、母は村の人たちから頼まれた賃仕事として機《はた》織りか縫い物をしていました。母の傍らで小さな布切れをもらい、それをつぎはぎしてお手玉をつくったりして遊んでいましたので、小学校へ入学するころは針を持つことに慣れていました。カラーン、トントン、カラーン、トントンと機織りの音が聞こえるときは母が家にいる証拠で、機織りの音がとても好きでした。

私が子供のころは、どこの家でもランプがありました。母の実家には座敷と台所と庭屋と三つありましたが、私の家は一つだけでした。皿の中に油を入れて布を細かく引き裂き、それを三つに撚って油をしみ込ませ、棚の上に乗せてありました。風が吹くと消えたりして騒動したことが何回もありました。兄がランプを割ってからとうとう買えず、どうしてうちばかり買えないのか、恨めしく思いました。

ある日、母は私に五銭もたせてアゲ豆腐を一枚買ってくるように言いつけました。村の店をしていたのは母の弟の家でした。叔母が店先にいましたので、アゲを一枚くださいと言ったら、ちょうどアゲは売り切れて竹輪だけが残っていました。叔母が「五銭もってきたのなら竹輪も五銭だから竹輪をもっていけば……」と言いますので、私は何も買わずに帰るより「気がきいていたね」と母に褒められるとばかり思って喜びいさんで帰りました。ところが母はぶりぶり怒りました。アゲは一枚三銭でした。二銭が惜しかったのかも知れません。雑炊に入れるつもりだったらしく「竹輪は味がでらんから要らん。返してこんね」と言いました。私は泣く泣く返しに行きましたが、母を恨めしく思い、叱られて悔しかったのはそのときだけでした。

春になるとどこの家も屋根の葺き替えをします。隣組の五、六軒が一組です。その隣組の子供たちは、ツバナやノビルを採ったりして小さい子供を遊ばせて帰ってくると、庭にネコブク（縄で編んだゴザのようなもの）が何枚も広げてあって、だご汁に里芋や大根、煮しめ、子供たちが喜ぶキャー餅（カライモの皮をむいて炊いたものに黒砂糖とそば粉を合わせてつぶし、握りこぶしくらいの大きさのものにきな粉をまぶしたもの）などを用意してありました。おやつのときもくれますが、余ったものは土産に持たせてくれますので翌日の食べる楽しみがあります。

夕食のあとは女の人たちが洗い物をするあいだ、おじさんたちは座をつくってその中に子供たちを入れ、面白い昔話や幽霊の話、タヌキに騙された話などを聞かせてくれました。

話の一番うまいのが私の祖父（鶴松）でした。祖父が幽霊の話をして追っかけたりすると子供たちはキャーキャー言って逃げ回り、また祖父のところに集まって、もういっぺん、もういっぺんと話をせがみました。

祖父は人前では冗談を言ったり、おどけて見せたりしましたが、家ではたいへん厳格でした。祖父の家の庭はたいへん広くて、モミを干すところは下駄を履いて通ることを禁じていました。門から母屋までは通路にモミ殻を敷いて、そこを通らないと叱られました。手まりをつくとき裸足でつかねばなりませんでした。

あるとき私が、鼻汁を袖口で拭いた汚い子と手をつなぐのはいやなこつ、と言いますと、大声で「人の悪口を言うな、人のふりみてわがふり直せ」と言いました。

兄は私より三つ年上で、私が三歳のとき小学校に入学しました。母はやさしかったけど、一面厳しいところがありました。兄が一年生に入学してから、村長さんの息子がいて、その息子からいつも泣かされて帰ってくるのです。兄がその息子からなぜいつもいじめられて帰ってくるのか、小さな私にはよく分かりませんでしたが、勉強のよくできる兄へのねたみからか、放蕩息子に育ち、財産もつぶして離婚してしまった父の悪口を言われ、悔しくて泣いて帰っていたのだろうと思います。

母は泣いて帰ってくる兄をつかまえて、悪口言われたら言い返せ、殴られたら殴り返せ、蹴られたら蹴り返せ、そう言って兄に馬乗りになって殴るのでした。私は、そんなに殴らんで、と言ってやっと母を離していました。兄は走るのが遅く、運動会のときはいつもビリで、かならずつっこけて泣きおりました。それで、母は「よかよか走っとは遅かったち勉強のできるけんよかよか」と言っては兄を慰めていました。

兄はいつも私をつれて遊びに行っていました。私が小学校にあがるまで、兄の男友達と遊ぶのが多かったので、私はケンカして兄の友達をひっかいたりする大変なおてんばでした。水泳もできたし、木登りも、馬に乗るのも小さいくせに男に負けず上手でした。

小学校入学

大正一〇年（一九二一）四月、私は菊池郡北合志村新明小学校に入学しました。入学して何だか変だなあ、と思ったことがありました。それは、私の兄は高宗と呼ばれるのに、私は坂本と呼ばれるのです。兄妹でどうして姓が違うのだろうと思いました。それは父母の離婚によって、そうなっているということが、子供心にもだんだん分かってきました。

学校から帰ると、みんなそれぞれに仕事を持っていました。子守り、馬のハム切り（藁や草を切る仕事）、ハム炊き（麦やカライモを入れて牛馬のえさを炊く仕事）です。私は一人娘で子守りをすることはありませんでしたが、ほかの女の子は、子を背中にくくりつけて、石けりや陣取りなど暗くなるまで遊びました。

学校から帰った子供たちがやらねばならない仕事に、風呂水を川から運ぶ水汲みの仕事がありました。私の家は川のすぐ近くにあったのですが、私の家には風呂がありませんでしたので、いつも祖父母の家に貰い風呂に行っていました。それで、祖父母の家の風呂水を汲むわけです。小学校を卒業するまで、私はほとんど祖父母の家で育ちました。祖父母の家で私が使い走りをすると、祖父母にとっては何かと便利でもありましたし、母は女手一つで兄の守と私を育てていましたので、とても貧乏で、私もなるべく祖父母の家にいるのが安心でした。

私の水汲みのために、祖父が小さなバケツを買ってくれました。村でバケツを買ったり、五衛門風呂を買ったりしたのは、士族のブゲンシャ（金持ち）の二軒以外は祖父の家がはじめてでした。タゴ（木製の水汲み桶）では小さい私にはとても重いからという祖父の思いやりからでした。私が住んでいる村には川端に井戸が一つあって、飲料水、米洗いなどには井戸水を使っていましたが、コエタゴ洗い、風呂水、洗濯など、たいていのことは川の水を使っていました。川から一五〇メートルくらいの坂道をかついで運ぶ水汲みの仕事はたいへんでしたから、私は途中三回は休憩することにしていました。ハーハーの息がおさまるまで休んで、また五〇メートルくらい担ぎます。この水汲みにも連れがありました。一級上のヨシエさんとユキコさんの二人でした。この人たちの家は、私の家よりだいぶん川に近かったので、途中一回休憩すればいいのですが、いつも私を待っていてくれました。二回目に私が川に下って行くと、二人は自分たちの木戸口の石垣に腰かけて「早かったな」とやさしく声をかけてくれ、三人は連れだってまた川へ下って行くのでした。

どちらが悪い

一年生の終わりの終業式ではいろいろな賞状をもらいます。そのなかに品行方正、学術優等という賞状と賞品があります。兄も一番、私も一番でした。兄は品行方正と学術優等の二つをもらったのに、私は学術優等の一つだけでした。どうしてか不思議だったので、私は開田校長先生にわけを聞きに行きました。担任の先生に聞けばいいのに、校長先生に聞きに行ったのは賞状賞品を渡すのは校長先生だったからです。校長先生が私に通信簿を持ってくるように言われましたので持って行きました。通信簿には乙が一つありました。それは成績の評価とは別の欄の品行というところでした。これがあるから同じ一番でも兄さんとは違う、これから男とケンカしたりしないでおとなしくするように言われました。

私は「男の子が女の子を泣かせたり、いじめたりするから男の子とケンカするのです。私の友だちは自分の家の前の往還をよその子供が通ると、うちの前の往還は通らせんといって石を投げたりします。私は、そんなことはするなと言って止めますがやっぱり石を投げたりしています。その子は品行が甲で私は乙というのはおかしいと思います。どちらが悪かってですか」。校長先生は黙って聞いておられましたが「そらあ、石投げたりするのが悪かね」と言われました。二年生になって、私は少しおとなしくなり、二年生の終わりには私も二つの賞状をもらうようになました。

先生になりたい

小学校二、三年の担任の先生は女学校出たての岩成松代先生で、美人でやさしく、女にも男にも、みんなに「さん」づけで呼んでくださいました。こんな先生になりたいと思って、綴り方に「私は先生になりたい」と書きました。

その先生は熊本市大江の娘さんの家で百一歳で亡くなられましたが、熊本の天神病院に入院しておられたときは何回もお見舞いに行きました。その度に小さかった小学校時代の話をしながら、私に「立派な先生になってくれた」と喜んでくださいました。「私のような老いぼれを忘れもしないで訪ねてくれて……」と昔のように私の手を握り、自分のホホにあてていつまでも離されないので病院を出るのがつらかった。

三年生のとき、学校帰りにできごとがありました。算数の答案を帰るときに渡されました。私は百点だったので嬉しくなって、みんなにみせびらかして自慢しました。「おヒトさんは何点だったな」「いや見せん」と言ったので、見せろ、見せろと責めました。いつもなら泣くくせに、その日は私に向かって「勉強ができるち威張るな。うんげ（あんたの家）は学校には一銭も出しおらんち、父《とと》さんの話しおらした。かんじん（乞食）と同じじゃが」。おヒトさんはそう言って、橋を渡るとき川にジャブンと石を投げました。「かんじん」と侮辱され、いつもなら向かっていって泣かせるのに、どうしたことかその日は悔しさにワーン、ワーン泣きながら、たんぼのあぜ道をつっきって家まで走って帰りました。ちょうど母は家にいて、びっくりしてわけを聞きました。私は学校のお金をどうして出さないのか、悔しい、悔しいと言って母につかみかかりました。「わけを話さんとわからんたい」。母も涙声でした。「おヒトさんのお父さんは村の収入役で、うちが村の税金を払わんけん、そげん話の家で出たんだろう。勉強のできるてあんたが威張るけんそぎゃん目にあわにゃいかんたい。威張るとろくなこたなかけん、しっかり勉強して見返してやれ」。それから私は勉強のできることを威張らなくなりました。

「熊本県女子師範学校付属小学校高等科」受験

私が小学校五年生のとき、師範を卒業した若い小川譲先生が赴任してこられました。それまでは校長はじめ、先生はみんな代用教員だったそうです。小川先生は私が六年生になって、すぐ四か月間兵隊に行って、二学期から私たちの担任になられました。

私が先生になりたい、というと、とてもこの学校の高等科からいくのは無理、女子師範付属の高等科に行くのが一番よいが、受験も女学校よりむずかしい。熊本市に親戚があれば、そこに二年間居住させてもらって、師範を受験しなさい、と勧めてくださいました。

その前に、私には解決しなければならない大きな問題がたちはだかっていました。それは私生児は師範を受験する資格がない、という問題です。このことを知った母は腹を決めたらしいのです。あれほど嫌っていた「益喜と復縁しよう。復縁しなければフミコの一生がだめになってしまう」。戸籍上の復籍は私が小学校六年の卒業まえ、付属小高等科の受験を真剣に考えている頃の昭和二年二月二日に行われています。この日から、私は「坂本フミコ」から「高宗フミコ」になって、誰はばかることもなく師範受験の資格を得たのです。

それからの父母は、父もまじめになり仲良く暮らしていたようです。私は熊本市内に出て行ったために、ときたま帰ったとき以外は、父親と一緒に暮らした経験はありません。

師範学校は、小学校高等科二年から受験して五年間修学するのが一部生、女学校四年から受験して二年間修学するのが二部生の二つのコースがあります。

熊本女子師範は、熊本市内坪井（熊本城下）にあって、付属小高等科もその敷地内にありました。そのために熊本市内に居住しなければならないわけです。師範に合格するのを考えるまえに、小学校六年の私は、先ず付属小高等科の受験に合格することを考えねばなりませんでした。

付属小高等科の受験は四月一日でしたので、三月の終わりから、小川先生の家のある山鹿までつれて行ってもらって、毎晩受験のための夜学をしてくださいました。その結果、付属小高等科には無事合格することができ、祖父も父母もとても喜んでくれました。

しかし、私が熊本市内の叔父の家に居住するにあたって、父母はかなり心配したようです。叔父は母の弟で、いまもある豊肥本線の水前寺駅まえで床屋をしていました。叔母はたいへんな器量よしでしたが、体が弱く一年の半分は寝込んでいました。男の子ばかり三人いて、一番上が私と同級生でした。私は叔母に迷惑をかけぬよう、手伝いすることを約束して叔父の家においてもらいました。そこから熊本城下の付属小高等科まで徒歩で一時間、毎日冬でも汗をかくくらい急いで通いました。電車賃は三銭でしたが、往きも帰りも絶対に電車には乗りませんでした。三銭の電車賃が惜しかったからです。

朝は必ず六時のサイレンで起きて、ご飯と味噌汁を薪で炊き、三人の子供と私の弁当を詰めました。弁当のおかずは隣のうどん屋からもらうコンブと鰹ぶしを、叔父が床屋をしながら夕ドンの火にかけて炊いてくれたものが多かったようです。たまには竹輪を炊いてあることがありました。これはうどん屋の客が少なく、うどんの具が余ったときのことでした。

私たちの受け持ちの先生は葦北出身で、師範卒業の鳥居先生でした。先生は負けず嫌いだったのでしょう、薄暗くなるまで課外をしてくれましたので私が家に帰り着くのは夜七時を過ぎていました、夕食も済んでいました。私は一人で食事をし、茶碗や鍋釜を洗い、明日の米を研ぐのに、井戸がないので水前寺駅のツルベ井戸から水をもらわねばなりませんでした。家で使う水は従兄の長男が、やはり駅のつるべ井戸から汲んでハンド甕に溜めておきました。風呂は銭湯でした。米を洗う水は駅の井戸の重いツルベを小さい体で綱をしっかり握ってたぐらねばなりませんでした。冬の寒い日、手が凍りつくようなときは、ギーッ、ギーッと湿った綱を引くたびに母が恋しくて泣きました。

泣きながら米を洗っていると、駅員さんが来て「ようがまだすな（精出すね）、感心、感心」といって手伝ってくださるときは、涙を見せまいと急いで前掛けで顔をなでました。「ありがとうございました」ときちんと駅員さんに頭を下げ、叔父の家の裏口に駆け込みました。先生になりたい。負けてたまるか、の一念でした。

祖父や父母たちに喜ばれて入学したものの、一年の一学期は二二人中二一番。こりゃいかんと思って死にもの狂いの勉強がはじまり、二学期は八番、三学期は三番になりました。

登校時は一人で行くのが多かったのですが、帰りには上通り（熊本市の中心街）を通って、必ず電車道を歩いて帰るように決めていました。危ないからです。ある時、水前寺の豊肥本線のガード下まで近くの友だちと帰りました。帰り道にも勉強の話ばかりです。今日の試験にはこう書いた、それは間違っているなどと口論しながら、思わず友だちの三つ編の髪の毛を引っ張って、上通りからガード下まで離さなかったことがありました。ガードのそばが友だちの家で、そこでその友だちが「私が間違いだった」と言いましたので、引っ張っていた髪の毛を離して許してあげました。

祖父・鶴松は中風で倒れ寝ていて、私が先生になるのを見届けて死にたいといっていましたが、付属小高等科二年のとき、とうとう亡くなってしまいました。私は祖父との約束を守って、絶対に師範に合格せねばと頑張りました。

念願の女子師範入学

付属小高等科から師範に四〇人のうち一〇人合格すればいい方でした。合格発表の前日、担任の鳥居先生が合格しなかった場合はどうするか、みんなの生徒に聞かれました。私は手を上げ「通らなければ自殺します」というと、生徒たちは半ば吹き出したようでしたが、先生はびっくりされ「そんな早まったことはしなくても、いくべき道はいくらもある。逓信講習所、赤十字の看護婦学校も難しいけど合格さえすれば無料で行ける……」などいろいろと教えてくださいました。でも私は本当に自殺するつもりでいました。

女子師範の入学試験は昭和四年二月下旬行われました。合格の発表は新聞で知りました。叔父が朝早く配達されてくる新聞を見て「フミコ合格したぞ！」と叫んだのです。私は叔父のところに走って行き、新聞を見ました。確かに私の名が載っている。嬉しさが込み上げてきましたが、いつも三人つれだって帰ってきていた友だちふたりの名前がどうしても探しだせない。私は気の毒になり、有頂天になって喜ぶことはできなくなり、嬉しさも半分でした。

叔父はひそかに、私の合格を願って、近くのお稲荷さんに「願」をかけていたらしく「お礼にいくぞ」とせきたてるのでした。叔父がそんなにまでしてくれているとは露知らず、叔父の思いやりに心から感謝しました。

私の合格が決まって、父母はまた大変でした。

父は金の工面に親戚や友人の家を駆け回り、母は寄宿舎へ持っていかねばならない布団つくりが一番大変でした。私の家は貧乏でしたから、余分な布団もないのですが、一組だけお客のために、嫁入りのときに持っていった紋付きの布団を櫃のなかに大事にとってありました。母はその布団をほどいて、綿打ち直しにやれば簡単なのに、一枚一枚私に手伝わせて剥し、念入りに私の布団をつくってくれました。

布団の側は母の手織りのものばかりで、いつの間に用意したのか、蚕の玉まゆ（値段が安い）を自分でつむぎ、自分で染めて碁盤縞の反物を用意してくれていました。布団の裏地は母の古着を裏返したものでしたが、自分の専用の布団をつくってもらって、嬉しくてたまりませんでした。

ストライキ

山田先生という数学の先生が一年、二年と私たちの担任でした。三年生のとき、女を侮辱したような態度をとる、その一番嫌いな先生が担任になりました。みんなが腹をたて、数学のときは行かない、ということになって数学の時間のときは、校庭の隅にあるプールの芝生に集まって授業を受けないわけです。嫌いな先生が呼びに来られましたけれども、誰も行かないわけです。級長と副級長に「あたどんが担任の先生ば元の山田先生に戻してくれるよう、教頭に言うておいで……」。私がそう言いますと、級長と副級長は教頭のところに行きましたけれども、教頭は「そぎゃんことはできん」と言ったそうです。けれども数学の時間には誰も行かないわけです。それが一週間ばかり続きました。誰が言いだしたかと聞かれても、誰も、誰が言い出したということは言わずに、みんなで考えましたというわけです。それで、とうとう元の山田先生に替えてもらうことに成功しました。

劇「行け満州」

四年生のとき、卒業生を送る会の出し物として「行け満州」という劇をやりました。昭和七年でしたが、当時の日本軍は満州の各地を占領し、二月には満州全土を占領し、三月には満州国の建国を宣言したときでした。軍部の圧力に屈した政府も八月に満州国を承認し、満州に「王道楽土」を築こうという雰囲気が日本全国をおおっていこうとしていた時代でした。先生は「君たちが卒業して活躍するところは満蒙開拓だよ」といつも言っておられ、私もそれに呼応していたわけです。いま考えると私は軍国少女の先端を走っていたわけです。

私は檄をとばし、劇をやろうということになりました。その内容というのは、馬賊や匪賊と戦いながら活躍している日本人たちが、五高の校長（私の役）を呼ぼうということになって、校長にその活躍ぶりを話すという筋書きでした。

全員が五高の制服を着た男の服装で現れたものですから、先生たちはびっくりして、誰が計画したか！　ということになりました。私が計画したということが分かったわけですが、男女間の関係が厳しかった当時、女だけの学校に男の服装を持ち込むなどは、学校としては「事件」でもあったわけです。しかし高宗を罰せよ、という先生は一人もいなかったようです。当時の風潮として、そうした軍部のお先棒を担ぐ軍国少女を罰するような勇気のある先生もいなかったのかもしれませんが、一つには、私がテニスの選手として七年ぶりに県下で優勝し、先生たちは私を「文《ぶん》ちゃん、文ちゃん」と愛称で呼んでくれるほど人気者になっていたことも手伝ったのかも知れません。

春休みで祖母の家に行っていたら、母が三人の先生をつれて来ましたので、祖母も私もびっくりしました。山田先生（数学）、石田先生（歴史）、鮫島先生（国語）でした。私は国語が苦手で、甲をもらったことは一度もありませんでしたが、とても可愛がってくれた先生でした。私の家は菊池神社から一里ばかりのところ、と話していたことから、菊池神社の桜見にきたついでに、高宗の家にいって見ようということになって歩いてこられたそうです。慣れない道は遠かったらしく、遠い、遠いといいながらこられたらしい。

田舎のことで、母屋の広い庭先に鶏小屋をかけてあるのにはびっくりされました。突然のお客に接待するものは何もありません。祖母は高菜漬けに白砂糖をかけてお茶をだしました。ゆで卵を十個ばかりだしましたら、腹がへっておられたのでしょう、おいしい、おいしいといって食べてしまわれました。祖母は土産に椿の油を持たせてやりましたら、三人ともとても喜んでくださいました。女子師範で先生の家庭訪問を受けたのは私一人でした。

四年生になって、公民という科目が増えました。教頭で舎監長の松原先生の担当でした。試験の後、優等生の井下さんと答合わせをしていたので、通知表で甲が一つ増えることを期待していましたのに、乙の評価だったので腹が立ちました。教頭室に行く途中、担任の増田先生に会いましたので、「松原教頭先生にエンマ帖を見せてもらいに行きます」。増田先生は「そんな失礼なことをするのは、この学校で聞いたことはない」と怒られましたが、止められるのを聞かずに教頭先生のところに行きました。「公民の評価が井下さんは甲で、私が乙というのは納得がいきません。エンマ帖を見せてください」と言いますと、「どれどれ」と言いながらわたしの通知表を見ながら、乙を甲に訂正してくださいました。そして「絶対に人には言うなよ」と固く口止めされました。私はていねいに頭を下げて「絶対に言いません。ありがとうございました」と言って、教頭室を出ました。増田先生は心配して廊下で待っておられました。私がニコニコしていましたので安心されました。

松原教頭と教育勅語

一〇月下旬、太田校長先生が胃潰瘍で倒れ入院されましたので、一一月三日の明治節で教頭の松原先生が教育勅語の奉読をされることになりました。松原教頭はどもりがひどかったので、大変悩んでおられたようでした。

舎監室から呼び出しがあったので、私はびっくりして恐る恐る舎監室に行きました。舎監長の松原先生が「高宗、お前はその衝立のかげに座って黙って聞いておってくれ」と真剣な顔で命令されました。白い手袋をはめた教頭先生は、小さい声で教育勅語を読まれるのです。私は思わず低頭しました。そんなことが一週間くらい続き、舎監長代理の女の先生も、絶対にほかの人には言うなと固く口止めされました。

一一月三日の式で、松原教頭先生は教育勅語を間違いなく奉読されましたので、私は万感胸に迫って涙が止まりませんでした。学友たちが「なして泣くとね」と心配そうに私の顔をのぞきましたが、黙って首を振りました。その時代は、教育勅語を間違って読んだりすると馘首《くび》か左遷でしたから、松原教頭先生はすっかり私を気にいって、卒業のときには草履《ぞうり》を贈ってくださいました。大津小学校に訓導として赴任したとき、私はその草履を履いて行きました。このようなことは、卒業五〇年目の同窓会ではじめて披露しました。同級生は「どこか、あんたは違うとったもんね」と言いました。

文部省督学官の視察

師範五年の二学期、小学校二年生の教生（実習）に行きました。女の文部省の督学官が視察に来ることになり、寮の押し入れから何から見るという話で、先生も生徒もびくびくしていました。何日も前から廊下も米糠ぞうきんで何回も拭いてぴかぴかにして待っていました。私は寮長をしていたので私の寮の前日の検査のとき、立ち会った校長が、押し入れを開けると花瓶が一〇個くらい並んでいました。校長は「あの花瓶はどうしたのか」と言ったので、その中の五、六個抱えて廊下に置いてあった大きな木の塵箱に投げ入れました。舎監の先生たちは困って、どうしてそんなことを私を叱りつけましたが、寮の部屋は三二一室あって、後二〇室の見回りが残っているので、一応そのまま通り過ぎて、夜になって舎監室に呼び出されて、怒られました。

教生のなかで私が唱歌、級長の安井さんが算数の授業を、督学官に見てもらうことになりました。私はオルガンが下手だったので、その練習をしなければならないし、教案の清書もしなければならず、あせっていたので、あのようなことになりましたと言って謝りました。先生たちはわけを聞いて、かえって同情されました。

翌日、督学官の総評があり、唱歌の指導をした教生の指導ぶりが一番自分の目についたと褒められたということで、校長先生からお呼びがありました。校長先生は私の顔を見て「何だお前だったのか」と、笑いながら、「君の評判が一番よかったよ」と褒められました。ほかの先生たちも廊下で会うと「高宗よかったね」と声をかけてくださいました。

（終）

■対談■日吉フミコ＋松本　勉

市民会議と水俣病裁判（一次）

水俣病対策市民会議の発足

松本　市民会議をつくるきっかけになったのは昭和四二年六月の新潟水俣病の提訴で、その代表団が水俣に来るという情報からでした。

日吉先生は昭和四一年頃から、単独行動で雨風の日に立入禁止の鉄条網をくぐって八幡プールの排水口を調べたり、議会でも相当追及しておられますが、本腰を入れて私と患者の家庭を回り始めたのは昭和四二年の一一月頃からです。その頃私は新潟の坂東克彦弁護士に手紙をだしたり、水俣市内の活動家たちに呼びかけたりしています。

明けて四三年の一月一二日に教育会館で市民会議が発足します。発足すると市民会議はお金もないのに、やらねばならない仕事が山のように待っていました。

まず、患者家族の把握、連絡網の作成、運動資金、新潟代表団の受け入れ準備、そのなかで一八日に天草出身の園田直代議士が厚生大臣になってお国入りするということで、松橋療護園で大臣をつかまえたことがありました。私も一緒に行きましたが、そのことから……。

園田厚生大臣をつかまえる

日吉　園田厚生大臣が来るということで、市の衛生課長、県の衛生部長になっておられた伊藤蓮雄さんに、園田厚生大臣に会わせてくれるよう頼んだけれども、どちらも時間がないということで断られた。

松本　日程はどうして分かったんですか。

日吉　朝日の船橋洋一さんが、県庁で会われんなら、松橋《まつばせ》の療護園と宇土の老人ホームが日程に組まれているということを教えてくれた。時間も大体わかった。それで松橋療護園でつかまえてやろうと思った。

松本　そしてチッソ第一労組の宣伝カーを借りて、たれ幕やタスキをつくって。

日吉　そのとき行ったのは、互助会では中津美芳さん（会長）、尾上時義さん、坂本フジエさん、市民会議つくったばかりで互助会の人達の名前もよう知らなかった。市民会議から日吉と松本で総勢十一人だった。

松本　市民会議は金も持たなかったけど、横断幕やタスキはどんなにしてつくったかなあ。

日吉　タスキは石牟礼道子さんの友達。

松本　横断幕は地協の渕上清園さんがつくって、字も書いて。あの人は何でも器用だった。

日吉　途中は宣伝して行って、療護園近くに行ったところが、園田さんの後援会の人たちが幟《のぼり》を立てていっぱい並んでいたから、車は手前でとめて、タスキははずして、後援会の人たちが並んでいる中を知らんふりして歩いて行ったところが、ちょうど園田さんは療護園から出てこらすところでタイミングがよかった。

松本　あそこは狭い一本道で、園田さんが秘書や役人たちを十人ばかり引きつれて向こうから、私たちはこちらから、近づいてから日吉先生がタスキかけて！　と言って。あの時の先生の陳情は声涙下るものでした。向こう側から言わせるとあっという間のできごとで、どうすることもできなかった。後援会の人たちもポカンとして聞いていた。陳情の内容は……。

日吉　一、水俣病の原因を公式に発表してほしい。二、見舞金を生活保護費から差引かぬこと。三、胎児性患者の子供たちのために、リハビリの湯之児病院に特殊学級の分室をつくること、の三つだった。園田さんは「市民と患者が一体になっての陳情は初めてだ。水俣病の原因は分かっている。新潟の問題もあるので少し遅れるかも知れないが五月をめどに考えている」。そう言われたので、信頼できる大臣だなあと思って嬉しかった。

松本　あれは大成功だった。日吉先生はあんな作戦はうまいなあと思った。

日吉　明けの日に、新潟の石田宥全代議士が来らすことになっていて、熊本まで迎えに行ったついでに、県庁の伊藤衛生部長のところにネコ実験のフイルムを借りに行ったら、伊藤さんが、日吉先生にやられた！　ち言わした。

裁判でないと真実は明らかにならない（通産省役人）

日吉　その年の三月二八日に政府に陳情に行って、当時の社会党の委員長は勝間田清一さんだったから、川村継義先生（熊本二区・衆議院議員）の計らいで勝間田さんの部屋に省庁の幹部ば集めてくれらした。そのとき通産省の人が私の隣りにいて、上にいくにしたがって下々の声は薄められて本当のことが伝わらないから、裁判でないと本当のことは出てこないと言われた。それを水俣に帰ってから患者の集会で言ったところが何人か手をあげて「そうじゃ、そうじゃ仇をうってくれ」と、声があがった。

松本　互助会長も副会長も来とらしたが、しぶい顔しとらした。

夜中に患者家族を叩き起こして――「確約書」問題――

松本　それから熊本で開かれた全国自治労大会に、はじめて胎児性患者家族が姿を現して支援を訴えたり、互助会長、副会長の市民会議脱退があったり、政府の公害認定があったりして互助会は自主交渉にはいっていくわけですが、この自主交渉が一向にらちがあかない。チッソも県も厚生省も補償の基準になる「物差し」がないという。そこで出てきたのが第三者機関の千種委員会でした。

この第三者機関の案が電話で互助会に伝えられたのが年明けて昭和四四年の一月二八日でした。そのときのことを。

日吉　あのときは市の衛生課長が厚生省に行っていて、総務課長に電話で連絡したらしい。それで市役所に行って総務課長を探すがいない。それで元山弘さん（市民会議・共産市議）に総務課長を探すように頼んで互助会の山本亦由副会長宅に、あなたと二人で行ったら、ちょうど互助会の交渉委員会が開かれていたでしょ。元山さんも後から来て、厚生省の案を見せてくれるように頼んだところが、互助会のことだから見せないと。

そしたら交渉委員の中から、見せていいじゃないかという声があがって、しぶしぶ見せらした。それは「第三者機関が出した結論には異議なく従う」というもので「これは白紙委任状で、昭和三四年の見舞金契約のようなものですばい。これは仲裁で、これに印鑑押せばにっちもさっちもいかんごつなるですばい」と言うたところが、交渉委員の中から「やっぱりそげんじゃったろが」という声がでた。

松本　その夜、先生宅で市民会議開いているとき、十一時頃だったと思いますが、朝日新聞社の中原孝矩記者が、互助会は明日総会を開いて上京する予定らしい、という情報を教えてくれた。

岡本達明さん（当時の合化労連新日窒水俣労組教宣部長）が、それを聞いて「今から全部散って、患者家族を集めよう」という。もうどこも寝ているだろうが、ことは重大で叩き起こして集めようということになった。

それから、県境を越えて鹿児島県の米ノ津、湯堂、茂道の患者家族を叩き起こして、茂道の牛嶋さんのところに集まった。出られない患者家族のために委任状をつくったりして、話が終わる頃は夜がしらじらと明けているときでした。三月一日、互助会総会は湯堂の松永さん宅で開かれましたが、そのときの模様を。

日吉　あのときは、私とか田上信義さん（水俣市月浦・合化労連新日窒労組員）なんかが委任状だして患者家族の中に座っていたところ、今日は委任状は認めない、互助会だけでやるから出てくれという。外に出ていたところが、市の助役、総務課長、議会の議長、公害対策委員長、副委員長の五人が来られて、ハイどうぞということでつかつか入っていかれる。

互助会だけでやると言いながら、第三者をいれるのはおかしいではないか、と私も田上さんも、また互助会の真ん中にいって座った。

市が言うのは、第三者機関は偉い先生ばかりでやられるのだから、決して悪いことはせらっさん。第三者機関に任せたらどうか、という説得だった。

松本　総会は騒然となって、また茶わんを叩き落としてくるっとか、と叫びにも似た声が互助会員のなかから出たりして……。

日吉　うん。「異議なく従う」を、あっせん依頼書の「お願い書」にして（後でまた厚生省に押されて白紙委任内容）上京計画はつぶれた。

松本　まさに危機一髪で、あれを見逃していたら昭和三四年の見舞金契約の二の舞だった。

互助会分裂から提訴へ

松本　それから互助会の動きはしばらくとまっていましたが、互助会の有志が会長宅へ押しかけて総会を早く開けと迫ったらしい。これは私は知らなかったけど、四月五日に開かれることになった。
　このときは、日吉先生と岡本さんは新潟の、鹿瀬工場の実地検証に行っていて水俣にいなかった。このときの総会も確約書をめぐって激論、一任派と自主交渉派（大分部分がのちの訴訟派）に分裂して、訴訟派は六月一四日に提訴することになります。

提訴から判決まで

松本　最初の一年余りは患者の負けということをずいぶん言われた。あの頃はいろんな人たちが水俣に来ていたし、マスコミの人たちからもずいぶん言われた。
日吉　私は聞かなかったけど。
松本　何で負けかというと、三四年の見舞金契約に患者側も印鑑押しているでしょう。それを破れるか、提訴したら見舞金を打ち切るのではないか、など話もあってずいぶん考えた。
日吉　確かに、そういう危険性があった。見舞金契約で見舞金もらっていたからね。
松本　判決前、先生は患者が勝つと思いましたか。
日吉　最初の頃は勝つか負けるか分からなかったけど、斎藤裁判長ら裁判官の実地検証というか、患者家庭を回って調べられ、患者の実態を見てよく分からした。はじめは写真を持って来るとできんとか、ちょっとしたやじにも厳しかったりしたけれど、あれから裁判長の態度が変わって、これは勝つと思った。

松本　私もそう思っていたけど、裁判はどちらに転ぶか判決までは分からないから、負けることも考えていた。

日吉　岡本さんがいたからチッソの労働者も患者支援に立ち上がったんだからね。会社の資料ば持ち出したり、証言に立ってくれたり、一般の人でなくて、チッソに働いている労働者が応援してくれたということが一番よかった。証言に立ってくれた人たちにはお礼をせにゃいかん気持ちだけどね。

松本　自分の勤めている企業を相手に、患者側に立って、法廷では自分の上司たちと面と向かって証言するわけですからね。ひょっとしたら会社はへ理屈つけてクビにするかもしれない。私は、あのときは感動して朝日新聞に投稿したら載せてくれた。公害スト、興銀攻撃など岡本さんがいなければとてもできなかった。判決の前の日に告発の会が裁判所前に座り込んだでしょ。

日吉　あれには困った。新潟や富山から来ていた人たちに申し訳なかった。本田啓吉先生（水俣病を告発する会代表）から入場券ば二〇枚貰うてやろうとしたけど誰も取らっさんかったから私は泣こうごたった。私たちは新潟、富山に応援に行ってから一番よか席に座らせおらしたでしょう。それにあんな状態だったからね。

松本　あのときは裁判所の前の集会は告発の会が主催する、一方では県民会議がやるということで患者家族が知らぬ間に支援団体間の喧嘩が頂点に達しとったから、判決の二～三日前に岡本さんに電話して、告発の会や県民会議に任せとったら患者をひっぱりだこして流血の惨事になるばい。互助会と市民会議で主催せんといかんばいと言ったら、岡本さんがそれば待っとったあ、と言ってくれたからよかった。

日吉　そうね。

松本　宣伝カーから日吉先生が挨拶するとき、裏切り者！　という声を飛ばせた人もいたけど、各地の告発の会のエネルギーは素晴らしかった。

日吉　とにかく勝ってよかったね。負けとったら首くくらにゃいかんとじゃった。

松本　うん。岡本さんはもうチッソを退職していたけど、新潟で催された水俣病事件研究会（一九九六年八月）で会ったとき、水俣病裁判に勝ったときのことを稀有のできごとだったと言った。海とも山とも分からぬ闘いに挑んだ人の、さまざまの思いがにじんだ言葉だった。判決のときは勝ったんだなあと思うだけであまり考える余裕もなかった。いま思いめぐらすと大変な裁判だったんだなあと改めて思う。地元水俣のチッソ第一労組、地協傘下の市民会議の人達、患者家族・市民会議を支援してくださった全国の方々に感謝したい。

「水俣ほたるの家便り」２号（一九九八年三月一日）より

判決後結ばれた「協定書」について

裁判判決の及ばない細部の「協定書」締結に東奔西走してくださったのは、当時衆議院議員をしておられた馬場昇さんでした。水俣病裁判（一次）闘争の総仕上げともいうべき「協定書」の作成にあたっては、馬場さんは水俣病患者東京交渉団長田上義春さんとチッソ株式会社島田賢一社長の間に立って、当時の三木武夫環境庁長官らの協力を得ながら作り上げていかれたことが自著、『ミナマタ病・三十年　国会からの証言』（エイデル研究所　一九八六年刊）に詳しく書かれています。馬場昇さんに感謝申し上げます。

《資料》

一九七三年（昭和四八年）七月九日、チッソと患者家族の間に取り交わされた補償協定書

協　定　書

水俣病患者東京本社交渉団と、チッソ株式会社とは、水俣病患者、家族に対する補償などの解決にあたり、次のとおり協定する。

＜前　文＞

一、チッソ株式会社は、水俣工場で有害物質を含む排水を流し続け、廃棄物の処理を怠り、広く対岸の天草を含む水俣周辺海域を汚染してきた。その結果、悲惨な「水俣病」を発生させ、人間破壊をもたらした事実を率直に認める。

二、昭和三十一年の水俣病公式発見後も、被害の拡大防止、原因究明、被害者救済等々、充分な対策を行なわなかったため、いよいよ被害を拡大させることとなったこと、及び原因物質が確認されるに至っても、更に問題が社会化するに及んでも、解決に遺憾な態度をとってきた経過について、チッソ株式会社は心から反省する。

三、貧窮にあえぐ患者及びその家族の水俣病に罹患したこと自体による苦しみ、チッソ株式会社の態度による苦痛、加えて種々の屈辱、地域社会からの差別等により受けた苦しみに対して、チッソ株式会社は心から陳謝する。

チッソ株式会社は、責任回避の態度や、解決を長びかせたことにより社会に多大の迷惑をかけたことに対し、第三の水俣病問題で全国民が不安の状態にある今日、あらためて社会に対し心から謝

罪する。
四、熊本地方裁判所は、水俣病はチッソ株式会社の工場排水に起因したものであり、かつ、チッソ株式会社に過失責任ありとして原告の請求を全面的に認める判決を行なった。チッソ株式会社は、この判決に全面的に服し、その内容のすべてを誠実に履行する。
五、見舞金契約の締結等により水俣病が終ったとされてからは、チッソ株式会社は水俣市とその周辺はもとより、不知火海全域に患者がいることを認識せず、患者の発見のための努力を怠り、現在に至るも水俣病の被害の深さ、広さは究めつくされていないという事態をもたらした。チッソ株式会社は、これら潜在患者に対する責任を痛感し、これら患者の発見に努め、患者の救済に全力をあげることを約束する。
六、チッソ株式会社は、過ちを再びくりかえさないため、今後、公害を絶対に発生させないことを確約するとともに、関係資料等の提示を行ない、住民の不安を常に解消する。現在汚染されている水俣周辺海域の浄化対策について、関係官庁、地方自治体とともに、具体的方策の早期実現に努める。また、チッソ株式会社は、関係地方公共団体と公害防止協定を早急に締結する。
七、チッソ株式会社は、水俣病患者の治療及び訓練、社会復帰、職業あっせんその他の患者、家族の福祉の増進について実情に即した具体的方策を誠意をもって早急に講ずる。
八、チッソ株式会社は、水俣病患者東京本社交渉団と交渉を続けてきたが、事態を紛糾せしめ、今日まで解決が遅延したことについて患者に遺憾の意を表する。

〈本　　文〉

一、チッソ株式会社は、以上前文の事柄を踏まえ、以下の事項を確約する。

1　本協定の履行を通じ、全患者の過去、現在及び将来にわたる被害を償い続け、将来の健康と生活を保障することにつき最善の努力を払う。

2　今後いっさい水域及び環境を汚染しない。また、過去の汚染については責任をもって浄化する。

3　昭和四十八年三月二十二日、水俣病患者東京本社交渉団ととりかわした誓約書は忠実に履行する。

二、チッソ株式会社は、以上の確認にのっとり以下の協定内容について誠実に履行する。

三、本協定内容は、協定締結以降認定された患者についても希望する者には適用する。

四、以下の協定内容の範囲外の事態が生起した場合は、あらためて交渉するものとする。

五、水俣病患者東京本社交渉団は、本協定の締結と同時に、チッソ東京本社前及び水俣工場前のテントを撤去し、坐り込みをとく。

＜協定内容＞

チッソ株式会社は患者に対し、次の協定事項を実施する。

一、患者本人及び近親者の慰謝料

1　患者本人分には次の区分の額を支払う。

現在までの水俣病による（その余病若しくは併発症または水俣病に関係した事故による場合を含む）

死亡者及びAランク　一、八〇〇万円
Bランク　一、七〇〇万円
Cランク　一、六〇〇万円

2　この慰謝料には認定の効力発生日（昭和四十四年七月十四日以前に認定を受け、または認定の申請をした者については同日）より支払日までの期間について年五分の利子を加える。

3　このランク付けは、環境庁長官及び熊本県知事が協議して選定した委員により構成される委員会の定めるところによる。

4　近親者分は前記死亡者A、Bランクの患者の近親者を対象として支払う。

近親者の範囲及びその受くべき金額は昭和四十八年三月二十日の熊本地裁判決にならい3の委員会が決定するものとする。

二、治療費

公害に係る健康被害の救済に関する特別措置法（以下「救済法」という）に定める医療費及び医療手当（公害健康被害補償法が成立施行された場合は、当該制度における前記医療費及び医療手当に相当する給付の額）に相当する額を支払う。

三、介護費

救済法に定める介護手当（公害健康被害補償法が成立施行された場合は当該制度における前記介護手当に相当する給付の額）に相当する額を支払う。なお、同法が実施に移されるまでの間は救済法に基づく介護手当に月一万円の加算を行う。

四、終身特別調整手当

1　次の手当の額を支払う。なお、このランク付けは一の3の委員会の定めるところによる。

Aランク	一月あたり	六万円
Bランク	〃	三万円
Cランク	〃	二万円

2　実施時期は昭和四十八年四月二十七日を起点として毎月支払う。ただし、昭和四十六年八月以降の認定患者は四十八年四月一日を起点とし、また、昭和四十八年四月二十八日以降の認定患者は認定日を起点とする。

3　手当の額の改定は、物価変動に応じて昭和四十八年六月一日から起算して二年目ごとに改定する。ただし、その間、物価変動が著しい場合にあっては一年目に改定する。物価変動は熊本市年度消費者物価指数による。

五、葬祭料

1　葬祭料の額は生存者死亡のとき相続人に対し、金二十万円を一時金として支払う。

2　葬祭料の額は物価変動に応じ、昭和四十八年六月一日から起算して二年目ごとに改定する。ただし、その間、物価変動が著しい場合にあっては一年目に改定する。物価変動は熊本市年度消費者物価指数による。

六、ランク付けの変更

1　生存患者の症状に上位のランクに該当するような変化が生じたときは一の3の委員会にランク付けの変更の申請をすることができる。

2　ランクが変更された場合、慰謝料の本人分及び近親者分並びに終身特別調整手当の差額を申請時から支払う。ただし、近親者分慰謝料については一の4にならい前記委員会が決定する。

3　水俣病により（その余病若しくは併発症又は水俣病に関係した事故による場合を含む）死亡したときは、慰謝料の本人分及び近親者分の差額を支払う。この場合、死因の判定その他必要な事項は前記委員会が決定する。

七、患者医療生活保障基金の設定

チッソ株式会社は全患者を対象として患者の医療生活保障のための基金三億円を設定する。

1　基金の運営は熊本県知事、水俣市長、患者代表及びチッソ株式会社代表者で構成する運営委員会により行う。同委員会の委員長は熊本県知事とする。

2　基金の管理は日本赤十字社に委託する。

3　基金の果実は次の費用に充てる。

(1)　おむつ手当　　一人月一万円

(2)　介添手当　　一人月一万円

(3)　患者死亡の場合の香典　　十万円

(4)　胎児性患者就学援助費、患者の健康維持のための温泉治療費、鍼灸治療費、マッサージ治療費、通院のための交通費

(5)　その他必要な費用

4　患者の増加等により基金に不足が生じたときは、運営委員長の申出により基金を増額する。

八、効力発生日

本協定は昭和四十八年七月九日より効力は発生する。

本協定成立の証として本書七通を作成し、両当事者ならびに立会人は、各その一通を保有する。

昭和四十八年七月九日

水俣病患者東京本社交渉団

団　長　田上義春　㊞

チッソ株式会社

取締役社長　島田賢一㊞

専務取締役　野口　朗㊞

立会人

衆議院議員　三木武夫㊞

衆議院議員　馬場　昇㊞

熊本県知事　沢田一精㊞

水俣病市民会議会長　日吉フミコ㊞

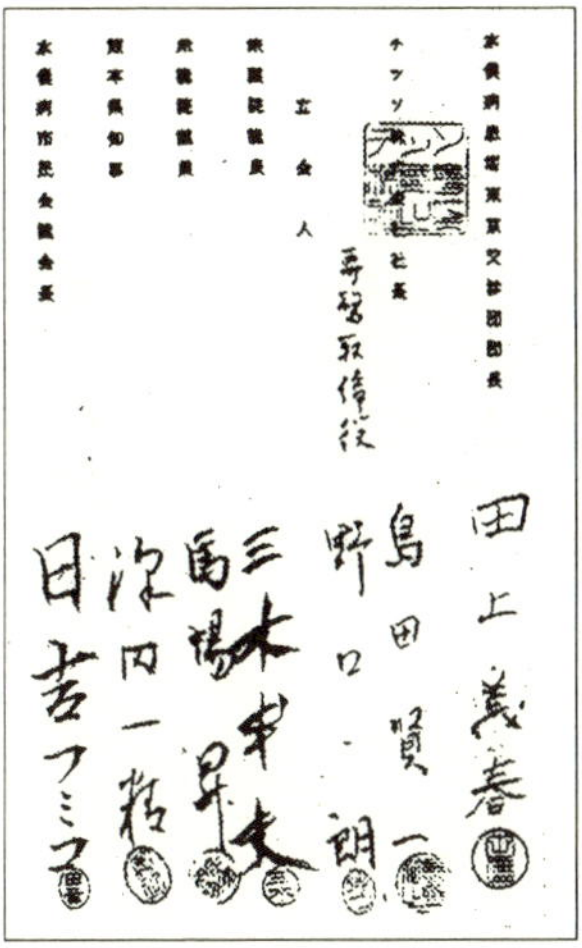
水俣病患者東京交渉団団長　田上義春
チッソ株式会社　社長　島田賢一
専務取締役　野口朗
立会人
衆議院議員　三木武夫
衆議院議員　馬場昇
熊本県知事　沢田一精
水俣病市民会議会長　日吉フミコ

日吉フミコ行動録

（昭和二一年～四八年、敬称略）

一九四六年（昭和二一年）
三月三〇日、日吉フミコ、台湾基隆港発、四月五日大浦港上陸、熊本県菊池郡旭志村へ引き揚げ。

一九四七年（昭和二二年）
細川一、ビルマ（現ミャンマー）から復員、日窒水俣工場付属病院長に復職。

一九五一年（昭和二六年）
四月、日吉、水俣市立第一小学校教諭として赴任（一年受持）。

一九五四年（昭和二九年）
六月一四日、新日窒付属病院に一人の患者（四九歳）が来た。正体わからず。細川、熊大の先生にも診てもらったが「ぼくにもわからん」。患者二か月後に死亡。東京に出るおり、学者たちにたずねても「なにかの間違いだろう」と言われた（一九六八年一二月号『文藝春秋』細川一）。

一九五五年（昭和三〇年）
八月、付属病院にまた一人の患者が来た。農家の主婦だった。去年の患者と全く同じだった。その患者も三か月ほどして死亡した（同・細川）。二人の患者が熊大に入院した。アセチレン中毒という診断だった。

一九五六年（昭和三一年）
四月下旬、付属病院に子供が一人入院してきた。症状はこの二年間に死亡した成人患者とそっくりであった。そこへ別の大人の患者も入院して来た。もう間違いはない。これは、いままで存在しなかった新しい病気の発生であると、九〇パーセントの確信を持ち保健所に届け出ることにした（同・細川）。
四月下旬、二人の子供の母親田中アサヲは「うちではネコが死んだがうつったつじゃなかっですか」と細川先生にいった。先生たちが録音機を持ってきて録音し、後でラジオで放送され伝染病説のもとになった（アサヲ談）。
五月一日、新日窒付属病院「脳症状を呈する奇病が発生」と水俣保健所（所長　伊藤蓮雄）に報告。保健所と新日窒付属病院が現地調査開始（同・細川）。
五月二八日、市立病院・新日窒付属病院・保健所・市衛生課・市医師会の五者で「水俣市奇病対策委員会」が発足。
七月二七日、新日窒付属病院に入院中の患者八人市隔離病舎（避病院）に移る。
一九五七年（昭和三二年）
四月、伊藤水俣保健所長、水俣湾魚介類でネコを発症させる実験に成功（四月四日）。日吉、水俣市立水東小学校教頭に赴任。
一九六二年（昭和三七年）
四月、新日窒労組の安定賃金闘争はじまる。
一九六三年（昭和三八年）
二月、日吉、水東小学校保健婦の代理として保健所にいったとき、伊藤所長が発症したネコのフイルムを見せ、水俣湾で捕った魚を食べさせたらこうなった、とだけ言ってそのほかは説明がなかった。
三月、日吉、市立病院に見舞いにきていた北星学園女子高校生（北海道）の後をついて回り、水俣病患者をはじめて見て衝撃を受ける。教組から市議立候補の要請もあって、少しでも水俣病患者のためになればと決意、当選。報酬日には毎月手軽な土産を買って水俣病患者を見舞う。
一九六六年（昭和四一年）
四月、日吉に漁好きらしい人から電話がある。「干潮のときにしか見えない排水パイプがある。調べてくれ」。見張り番がいない雨の日に一人で調べに行った。後日、議会事務局の職員をつれて写真を撮らせた。この写真は後に、公害認定の大きな力になったと石田宥全代議士（新潟）から連絡がある。
一九六七年（昭和四二年）
七月、第一〇回自治研全国集会（広島　日吉、元山弘、松本勉出席）。富山イタイイタイ病、新潟水俣病、四日市ぜんそく訴訟のことを知る。特に、三島・沼津の石油コンビナート反対の闘いに、高教組の先生たちが父兄と協力して阻止した報告を聞いて感動、水俣はこれでいいのだろうかと思う（日吉）。
一一月〜一二月、水俣病患者支援組織結成準備のため水俣病患者家庭を訪ねる（日吉、水俣市職労の赤崎覚、松本）。

一二月九日、新潟の民水対へ葉書。水俣病の状況と訴訟費用のことなど問う（松本）。

一二月一二日、新潟の坂東克彦弁護士より熊本の弁護士を紹介する返事。

一二月一八日、坂東弁護士へ状況報告手紙（同）。

一二月二六日、市内活動家六名へ手紙。「水俣の革新陣営はその原因究明と患者家族の闘いに何らの支援体制も組まなかった。恥ずべき怠慢である」（同）。

一九六八年（昭和四三年）

一月一二日、水俣病対策市民会議発足。教育会館で三六名、会長日吉、事務局長松本。会の目的①政府に水俣病の原因を確認させるとともに、第三、第四の水俣病の発生を防止させるための運動を行う。②患者家族の救済措置を要求するとともに被害者を物心両面から支援する。（会の名称中「対策」は行政が使う言葉だという意見が後に出され、単に「水俣病市民会議」とすることに異議がなかったので、昭和四五年八月七日「対策」を削除）。

一月一五～一六日、日吉、市衛生課長・県衛生部長を通じて来熊予定の園田直厚生大臣に会わせるよう折衝するが断られる。日吉、松橋療護園でつかまえる方針を決める。

一月一八日、園田厚生大臣へ陳情。水俣病の公害認定、患者の救済など（松橋療護園路上）。

一月二一日、新潟代表団（患者、坂東弁護士、東大助手宇井純、映画「公害とたたかう」撮影班ら来水。駅頭で出迎え、教育会館までデモ。教育会館で「新潟―水俣手をつなごう」交流会。

一月二二日、代表団がチッソ視察、市役所、湯之児病院に水俣病患者、胎児性患者を見舞う。

一月二三日、代表団、自宅療養中の患者訪問、同夜患者家庭分宿交流。

一月二四日、新潟・水俣の共闘を誓い声明文発表、代表団離水。

三月一六日、県議会に請願。水俣病患者生活保護者のチッソ見舞金を収入認定から外すこと、胎児性患者のための特殊学級をつくること、ほか。

三月二五日、市議会「水俣病患者家庭の援護対策について」 1、見舞金の収入認定の件 2、就職 3、特殊学級など。陳情者は水俣病患者家庭互助会の中津美芳。

三月二六日、東京へ出発、先発「桜島」で（元山、互助会の渡辺栄蔵、釜時良）、後発「あかつき」で（日吉、互助会の坂本タカエ）。

三月二七日、東京着。日吉に父死亡の知らせ（東京駅で）。社会党水俣病対策委員会出席（川村継義代議士、石田宥全代議士）。科学技術庁、厚生省、通産省、経済企画庁と交渉。

三月二八日、勝間田清一社会党委員長室で各省課長級と交渉。「国はどうしてもあいまいな結論をだすだろう。裁判以外に真犯人は出せない」と某課長、日吉に耳打ち。午後新潟へ。

三月二九日、新潟県知事へ抗議。午後水俣・新潟交流会。

四月一日、日吉、単独新潟より帰熊。

四月二日、日吉父葬儀、三日、寺参り。

四月四日、午後、熊本市の千場茂勝弁護士を訪ねる。

四月五日、橋本市政後援会発足（陣内クラブ）。

四月一〇日、通産省化学工業局化学第一課小林勝利へ八幡プール排水口の写真送付。

四月二七日、互助会・市民会議合同集会。約四〇名。日吉、東京と新潟の報告「国はどうしてもあいまいな結論をだすだろう。裁判以外に真犯人は出せない」。互助会の牛嶋直、上野栄子ら数名手を上げて「仇を討ってください」と叫ぶ。

五月一四日、日吉、東京着。園田厚生大臣園遊会のため会えず。

五月一五日、九時五〇分、第二議員会館で園田厚生大臣に会う。①患者見舞金を生活保護収入認定から除外②水俣病原因を明確にと陳情（新日窒労組〈チッソ第一組合〉山下善寛、肥川博行同行）。誠意ある返事。「生活保護は県と話合え。原因については、もう一度厚生省に取り戻してやる」。夜行で富山へ。

五月一六日、富山福祉会館でイタイイタイ病現地視察団結成、前田知事と会う。「公害にかかわる疾患、厚生省と同じ意見」という。萩野病院で昼食、患者を見舞う。婦中町、神通川、四万石水路、汚染田など視察。労働福祉会館で交流会。

五月一七日、富山発、神岡鉱山外観視察。神岡鉱山出身の社会党町議と懇談。

五月一八日、チッソ水俣工場のアセチレン法アセトアルデヒド製造設備稼働停止。

五月二〇日、東大宇井純一行一二名来水。チッソ第一組合の宣伝カー「不知火」号で水俣市内視察。夜松本宅（宇井、日吉、第一小教諭森紀代子、山下、赤崎）。

六月二五日、青山俊介（東大大学院工学部）来訪。

七月九日、CO患者を守る青年の会（村上昭治・大津留尚子）来訪。湯之児病院、尾上宅訪問。

七月二六日、青山、互助会の杉本トシと来訪。青山一万五千円カンパ。

七月二八日、母親大会。水俣病問題で特別訴え。

八月一四日、湯之児病院三隅博医師に胎児性水俣病患者らの熊本旅行の件相談。

八月一六日、市民会議役員会。胎児性患者の子供たちの熊本旅行の件ほか。

八月一八日、水俣病患者に朗報。患者手帳交付。保護費少し加算。

八月二四日、市立病院長宅へ相談。二七日の胎児性水俣病患者らの熊本旅行の件。市職労と打ち合わせ。

八月二七日、熊本行き。全国自治労大会で支援訴え。「満場に怒り盛り上がる、痛ましい姿に静まり返る会場、自治労全国大会、水俣病の子らの訴え／〃物心両面から援助〃、自治労大会最終日、水俣病支援を決議」（熊本日日新聞）。

八月三〇日、新日窒労組（チッソ第一組合）、大会で支援決議（恥宣言）

九月五日、水俣地協（水俣市地区労働組合協議会）、患者支援決める。

九月一二日、熊本県総評代表者会議（日吉出席）。一〇〇円カンパ決定、午後熊本市下通りで街頭カンパ。

九月一四日、一時より労金で対策会議。チッソ第一組合、市民会議へ五万円カンパ。千場弁護士、チッソ労組と懇談。

九月一五日、互助会総会。会長山本亦由、副会長中津、交渉委員一四名。

九月一六日、互助会長山本、副会長中津、市民会議脱退届け。

九月二一日、新潟より坂東、片桐敬弌弁護士。補償問題を聞く。互助会五一世帯五二人集まる（午後二時より教育会館）。

九月二二日、午後二時、園田厚生大臣、市役所着、日吉迎え。患者と面会申し入れ大臣了承（市役所二階）、大臣「公害認定は近いよ」。

九月二六日、水俣病を公害認定。「熊本水俣病は新日窒水俣工場アセトアルデヒド酢酸設備内で生成されたメチル水銀化合物が原因」（厚生省）と断定。新潟水俣病は「昭電鹿瀬工場アセトアルデヒド製造工程中で副生されたメチル水銀化合物を含む排水が中毒発生の基盤」（科学技術庁）とし公害認定。

九月二九日、「水俣市発展市民協議会」発会（患者は結成大会をボイコット）。

九月三〇日、互助会山本、中津、公害認定で寺本知事と熊大へ御礼。

一〇月一日、衆議院産業公害特別委員会来水（社会二、民社一）。

一〇月二日、熊本県総評大会、（尾上光雄、釜時良、浜元二徳、松本、日吉）一〇〇円カンパ決定。互助会幹部上京し公害認定で園田大臣へ御礼。

一〇月一二日、坂東弁護士来水。夜、互助会の坂本フジエ宅に三二人集まる。

一〇月一三日、新潟の小林懋民水対事務局長、患者の桑野清三が来水。

一〇月一四〜一五日、熊本地裁で新潟裁判出張尋問を傍聴。互助会（渡辺、牛嶋ら）一〇数名。市民会議（日吉、森、元山）。

一〇月一七日、県総評より一〇万円カンパ。

一〇月二四日、互助会第二回交渉。

一〇月二七日、宮本憲一（大阪市立大）来水。

一一月六日、互助会、厚生大臣に補償基準など陳情。

一一月二四日、新潟の斎藤恒民水対議長来水。

一一月三〇日、チッソ第一労組で患者家族宛ハガキ通信書き（松本、松田哲成、岡本達明、石田博文、日吉）。

一二月三日、日吉、毎日新聞記者と湯之児病院へ。浜元が村野タマノと話す。胎児性小児性患者の渕上一二枝、田中敏昌、上村智子、松田富次宅へ行く。

一二月六日、チッソの江頭豊社長、入江寛二専務、知事へあっせん依頼、知事断る。

一二月一二日、互助会一三人、知事へ第三者機関を要望。知事、まだその時期でないと断る。

一二月二〇日、市民会議年賀状書き（チッソ第一労組）。

一二月二五日、互助会第四回交渉。金額回答なし。チッソ「公正な補償基準を作ってくれるよう政府に働きかける。互助会も厚生省に働きかけてほしい」

一九六九年（昭和四四年）

一月五日、互助会総会「もう一度政府に陳情」を決定。

一月一二日、水俣病対策市民会議結成一周年総会（約八〇名・互助会三二名、教育会館）。チッソへ抗議文提出決定。

一月一六日、市議会公害対策委員会、広田愿議長、

園田前厚生大臣の「知事に基準を出してもらえ」、知事の「国がだすべきだ」という補償問題の経過を報告。チッソ幹部（佐々木三郎工場長、河島庸也総務部長、中村治文同次長、樺山展雄総務課長）市役所へ。佐々木「基準には無条件に従う。水俣病患者については先長く考えて行かなくてはならない。世間一般に公平にという見方をされたい」。坂東弁護士来水。訴訟問題で討議。

一月一八日、市民会議、患者家族宛ハガキ通信書き（チッソ労組で）。互助会幹部「はやぶさ」で上京。

二月一五日、チッソに市民会議決定の抗議文を出す（午後）。日吉以下一六名と長野春利県議、坂東弁護士がつき添う。チッソ側、河島総務部長、中村、樺山。抗議が終わって坂東弁護士を囲んで研究会。①最後まで互助会決定のあっせんで行く②裁判は時間がかかる。三、四年〜一〇年③金はどうするか―三〇〇万円を市民会議が集める④裁判を起こす時期―仲裁に任せる印を押させられる動きが具体化した時⑤裁判を起こす場合、見舞金はどうなる―見舞金は補償金ではない⑥もし見舞金を打ち切れば見舞金請求の裁定を受ける。

二月一九日、戒能通孝（弁護士）来水。湯之児三笠屋旅館へ（松本、中原孝矩）。

二月二〇日、戒能が市内各地を訪れる（朝日新聞社の中原と）。戒能はその考え方に基づき、携わった入会権裁判などから互助会の要求獲得のための三つの方法を提案。1、要求を必死でチッソにあたること　2、裁判　3、裁判所に調停を依頼すること。行政的解決は悔いを残す、法的な解釈に基づく判定が公平であるという。

二月二一日、戒能を見送る。渕上末記議員より「日吉議員は公害対策委員だから（市民会議のチッソへの抗議について）謹んでもらいたい」。山川正進議員（公明）より「会社に対する抗議文は全議会の名によってすべきだと主張してきたのに日吉が勝手にだしているのはおかしい。市や互助会と相談してやったか」。日吉「市民会議独自でやった」。

二月二八日、九時四〇分、チッソ河島総務部長、樺山総務課長、日吉宅に来る。「互助会との補償交渉に誠意をもって当たっているので市民会議の抗議文に回答できない」。患者牛嶋直より電話「印鑑持って集まれ、と市から電話があった」。日吉、元山市議、第三者機関設置の問題と直感して市役所に助役を訪ねる。助役は知らぬと言う。

三月一日、互助会総会（午後、湯堂の松永善市宅）。厚生省の「確約書」をめぐって激論。結局「確約書」を修正し、あっせん依頼書にすることを決定。

三月四日、「厚生省重ねて確約書の提出要望」（西日本新聞）、「あっせん依頼ではダメ、厚生省側回答」（毎日新聞）。

三月六日、千場弁護士、県総評杢田恭輔事務局長来水。確約書について説明（互助会から二六名）。千場、「確約書は仲裁であり、印をつけば何も言えない。裁判はできない」など。杢田、「裁判になれば当面二五〇万円は用意する」。

三月八日、互助会へのハガキ通信。

三月一一日、社会党調査団来水。参議院議員田中寿美子、阿久根登、衆議院議員坂本泰良、長野県議が湯堂の坂本フジエ宅で、互助会三〇名と対話。確約書について―私法的契約書で法的拘束力がある。

三月一五日、互助会独自で熊本市在住の成瀬和敏弁護士を呼ぶ。市議岡本勝同行。三〇名集まる（うち渡辺栄蔵派八人）。弁護士「確約書は仲裁だが九九パーセントは互助会に有利に解決するだろう。私なら裁判はしない」。岡本勝「はぜ山問題は一七年かかって六万円払った」。

三月一六日、大牟田のCO患者遺族会来水。湯之児病院（リハビリ）訪問。松本が案内。

三月一七日、互助会集会二三名（役員改選、確約書問題、湯堂の坂本宅）。県議会総務委員会で長野県議、藤本伸哉企画部長に質問。
①県は確約書の事を知っていたか―確約書が出された時点で承知した。
②どんな方法で連絡したか―厚生省が市役所を経由して互助会に伝達した。
③確約書はだれにだすのか―厚生大臣に互助会がだすものと思う。
④公文書が出ているのか―公文書は出ていない。
⑤私法上の契約であると思うがどうか―その通り。
⑥確約書に印を押して出せば異議があったときは争う余地はあるか―ありません。
夜、熊本市消防会館で討議。弁護士八名。県総評杢田、水俣から日吉、松本、畑山ら。

三月二〇日、市議会討議採決。チッソに対して市民会議が出した抗議文について論議。日吉を集中攻撃、挑発して懲罰動議を出そうとする意図。夜、市民会議役員会。

三月二三日、弁護士六名（千場、荒木哲也、福田政雄、森有度、宮原勝巳、青木幸男）。県総評より馬場昇、杢田来水。

四月一日、長野県議、東京より電話。①田中寿美子、阿具根昇、森中守義と会って確約書問題を話す。厚生大臣は内容を十分知らなかった。②森中に了解を得て確約書を出したと阿久根に言う。③森中全然知らない。

四月三日、日吉、岡本新潟へ。一四時五〇分「そてつ」に乗車熊本へ。一七時五〇分「あまくさ」に乗車新潟へ。

四月四日、日吉、岡本、一六時三〇分新潟着。出迎えは民水対の金田勲。坂東弁護士宅泊。

四月五日、患者互助会総会（山本亦由宅）。確約書をめぐり激論、結論出ず流会。互助会が一任派と自主交渉派に事実上分裂。確約書不満派と疑問派が溝口忠明宅へ集まる。夕方松本が熊本の千場弁護士宅へ状況説明。

四月五日、新潟訪問の日吉、岡本ら九時三〇分弁天公園出発。臨海埠頭（北興農業倉庫）、通船川を見る。阿賀野川への通路は隆起して川の水は流れず道路となる（新潟水俣病と新潟地震＝農薬流出の関係）。キリン温泉松泉閣泊、交流会で岡本が報告。雪が降る。

四月六日、新潟訪問の日吉、岡本ら八時三〇分松泉閣出発。鹿瀬工場へ（外見視察）。排水路は最近底張り。コンクリート塗りが新しい。カーバイドかすは山の上に積んである。雨で流出するのは当たり前。午後一時、自治会館で交流会。日吉が特別報告「水俣での闘いと現状について」。弁護士報告―富山では大法廷を要求しているが多くの人に公害裁判を聞かせたくないのか設置しない。四日市では四日市から名古屋へ裁判を移す（裁判官の転勤）。裁判と住民を分離しようとする。新潟裁判の渡辺喜八団長閉会の言葉で「祈っていても幸福は来ない」。また坂東弁護士宅泊。

四月七日、新潟大の椿忠雄教授の証人反対尋問。傍聴人の感想発表。夜、近喜代一会長宅で交流会。

四月八日、一〇時特急「とき」で上京、一四時東京着。衆議院議員川村継義、一五時田中寿美子参議院議員と会う。

四月一〇日、一三時四五分水俣着。松本、岡本へ電話。湯堂の渡辺宅で会議（日吉、松本、岡本、赤崎、田上信義）。

四月一一日、自主交渉派総会、午後一時渡辺宅。岡

本がチッソに対する自主交渉継続の申し入れ書を患者家庭に配布。総会は三〇名出席。滝下昌文と森本久枝の家族は帰る。保留は竹下森枝と塩平憲行、静子の家族。

四月一二日、一〇時にチッソと交渉申し入れ（代表を出せとチッソ）。三回電話連絡。全員をチッソ会社内に入れる（二六名）。日吉、長野、田上が協力。

広田議長、淵上公害特別委員長の二名上京。
①厚生省の第三者機関委員の報酬について、市に支出して欲しいとの要求が厚生省よりあったので二名が上京した。②緒方昌治総務課長の話では委員の任命には金が必要。金を出さねば厚生省に互助会が座り込むと言ったので、仕方なく二人に行ってもらった。
四月一三日、弁護団来水（森、山本茂雄、千場ほか）。渡辺ら二六名集合し説明会。

四月一四日、革新系議員団会議―①お願い組（一任派）に適当な額が出た時、訴訟組が動揺しないだろうか。そのときはどうするか（村上実）。ほか「戦術指導を誤るな、最後まで闘う気でやれ」。徳田嘉蔵の話（四月五日の互助会分裂のことについて）①これ以上静観はマイナス②厚生省へのお願い組は支援の余地なし③支援とは何か―有利になるために支援する④確約書に応じさせるべきでない。

四月一五日、午後一時のバスで熊本へ。総評、弁護団会議へ（杢田、日吉、岡本、松本ら八人）。

四月一七日、熊本の渡辺京二ら四人チッソ正門前座り込み。

四月二〇日、「水俣病を告発する会」発足（熊本、代表本田啓吉）。

四月二九日、熊本在住の弁護士に訴訟援助依頼。互助会一七人、市民会議六人、告発の会九人。八班に分け弁護士宅訪問、一班四人は八代下車。即答は三人、その他は返事は後日。

四月三〇日、朝六時三〇分、別府より坂東弁護士電話。一三時四九分水俣着。日吉、岡本迎え。バスで津奈木町福浜の浜田義行宅調査。坂東は岡本宅泊。

五月一日、七時一〇分のバスで熊本中央メーデー参加。互助会九人と日吉。訴訟を支援する決議あり（本田の世話）。船橋洋一記者（朝日）と熊大野村茂公衆衛生学教室へ。衛生学の入鹿山且朗教授に魚の検査依頼。

五月二日、水俣市制二〇周年記念式典参加。二時五〇分で熊本へ。弁護団会議（消防会館）、坂東夫妻と泊まる。

五月三日、九時一〇分「そてつ」で帰水。岡本と赤崎宅へ。訴訟用戸籍抄本の件。市役所で抄本作成。

五月四日、九時一〇分弁護団着。チッソ第一労組で打ち合わせ。市民会議、患者担当など決め、七班に分かれ患者宅へ。出月のチッソ工員中山栄宅で一杯、渡辺が歌と踊り。

五月七日、出月のチッソ工員福満昭次宅で総会の打ち合わせ。

五月八日、午後一時より訴訟派総会。代表に渡辺栄蔵選出。補佐―田中義光、坂本フジエ。会計―田上義春。監査―上村好男、浜田義行、ほか申し合わせ事項決定。出席二四世帯、欠席五世帯。熊大生―山口一誠、稲吉鉦三、新潟大―広田紘一、NHK―松岡洋之助参加。船で袋湾見物。

五月九日、市役所へ訴訟用戸籍抄本作成一〇部。死亡患者平木栄の家族の件で家庭裁判所と警察へ。

五月一〇日、社会党公害対策全国活動者会議出席のため一六時二〇分「みずほ」で上京（長野、日吉、渕上蔀、渡辺栄蔵）。

五月一二日、森中参議院議員の部屋で、厚生省武藤琦一郎公害部長と懇談（日吉、長野、渡辺、田中参議院議員、森中）。第三者機関設置の経費について。

武藤―市が一月に頼みに来たときに、厚生省には金がないので、金は市が考えて欲しいとはっきり言ってある。厚生省として予算要求されない。したこともない。

日吉―厚生省が公害認定をし、第三者機関をつくってやるのだから、当然、予算計上して金をだすべきではないか。

武藤―厚生省は法にもとづいてやるのではないから出せない。そのことは初めから市当局にも議会の人にも言ってあります。

日吉―市は初めから金がいることは承知していたのですか。

武藤―お願いに何回も来られるので当然承知しておられます。

日吉―金額はどれくらいですか。

武藤―はっきり明示はしないが、当面五百万円位必要だろうと言ってあります。（以下略）

五月一八日、熊本水俣病訴訟弁護団結成（団長山本茂雄、全国二二二人参加）。

五月二〇日、夜、市民会議役員会（一八人出席）。厚生省一任派に対する第三者機関費用五〇〇万について、訴訟派も訴訟費用二〇〇万を要求する。広田議長対策─引地諄、徳田。全国公害対策連絡会の報告など。

五月二一日、午前、渡辺栄蔵、日吉、広田議長と会う。訴訟費用要求の請願書は臨時議会にはとりあげられない。午後互助会総会。

五月二四日、水俣病支援熊本県民会議発足（教育会館）。終了後日吉、渡辺栄蔵、本田啓吉と食事。教育会館泊。水俣から日吉、石牟礼、田上、福満、市職労の田中和馬。

五月二五日、弁護団会議（熊本・みやこ旅館）。生存者の親、子、配偶者の慰謝料など。

五月二七日、水俣市臨時議会、水俣病補償処理委員会の予算四八〇万円成立。市民を平等に取り扱うことを議会に確認させる。松本充しきりに委員会の決議で、議会の決議でない旨発言。

五月三一日、弁護団会議（一五名、熊本・消防会館）。水俣から日吉、松本、田中。

六月一日、弁護士と打ち合わせ（熊本・みやこ旅館）。

六月二日、千場、福田弁護士来水。渡辺会長宅で説明会。重症、軽症患者問題など。

六月三日、チッソ第一労組に集合して弁護士への委任状書き説明。行動開始。

六月四日、熊大生三人来水、杉本トシ宅へ。一人は訴訟用系図書き。委任状の件で津奈木の浜田宅へ（不在）。

六月五日、熊大生の車で熊本へ。六時千場事務所へ。系図、抄本渡し。

六月六日、千場事務所へ、午前二時まで一覧表作り。

六月七日、千場事務所。患者一覧表と原告名簿渡す（点検）。一一時教組へ。朝日の船橋と熊大学生会館へ。教組五二回定期大会出席（渡辺栄蔵、田中義光、坂本フジエ、岩本マツエ）。中央法律事務所で会議。田中和馬が熊本に来る。慰謝料計算、各論仕上げ。印刷所に渡す。一三日までできるよう約束。外部にもれないよう三社に分けて印刷。

六月八日、熊大医学生による提訴関連カンパ、啓発運動キャラバン隊が熊本市花畑公園から全国へ出発。夕方六時、告発の会に出席。全国向けニュースは告発で出す。市民会館一〇時まで。

六月九日、九時一〇分「そてつ」で帰水。新日窒労組岡本に報告。一〇時五二分、田中義光、浜元二徳を見送る（富山自治研へ出発）。教育会館で弁護団名簿作成。

六月一〇日、田上信義、三好正弘来訪。松田ケサキク印鑑なし。田上が心配して松田を探す。三宅トキエ、田中義光一家の分完了。浜元兄妹の証明、森弁護士作成の訴状にアセトアルデヒド製造開始年月日について間違いあり、弁護団名簿にも間違いを発見。荒木弁護士へ電話、印刷所などへ訂正を手配。

松本、富山より電話、田中、浜元無事富山着。

六月一二〜一三日、富山の全国自治研集会（田中、浜元、松本出席）。萩野病院、神通川、神岡鉱山など視察。松本、集会で互助会提訴を報告。

六月一四日、互助会二九世帯一一二名、熊本地裁提訴。田中、浜元、松本、富山自治研より帰熊合流。訴状提出後裁判所前で集会。森弁護士が決意表明。渡辺、日吉挨拶。教育会館で交流会。

六月一八日、熊大医学部キャラバン隊が水俣着。渡辺宅で歓迎会。

六月一九日、熊本で弁護団会議（日吉、田中義光、田中和馬）。渡辺栄蔵の件、訴状の中に魚を食べた日時がないなど。

六月二一日、午後二時、湯堂の坂本フジエ宅で団結会。互助会二四人、市民会議日吉、松本、赤崎、田中和馬、吉田、清田、石牟礼、田上、三好、岡本、熊大医学部七人。夜の討論会へ熊本より告発する会の渡辺京二、堀内五十鈴、小山和夫、首藤、NHK二名。

六月二二日、弁護団事務局員来水。千場三名、福田一名、ほか一名、裁判所一名、修習生一名。日吉、赤崎が対応。

六月二五日、東京の劇団泉座の高橋治ら来水。夜日吉宅で上演について討論。高橋「入場者が三名でも上演したい」。

六月二六日、水俣市立病院、市役所で資料作成。

六月二八日、青法協が水俣調査に来訪。湯之児病院など見学。金子セン（昭和三八年市立病院で死亡・入院二四日位）の件で衛生課長、総務課長に申し入れ。

六月二九日、青法協学習会（水俣・教育会館）、松本が経過報告。県総評杢田事務局長同席。

六月三〇日、互助会見舞金受け取り、内容証明。助役室で総務、衛生課長から補償処理委の資料をもらう。弁護団事務局より電話。患者認定証明書と民生委員の証明をとるようにいわれ、元山とてんてこ舞いで作業。青法協五〇〇〇円、杢田一〇〇〇円カンパ。

七月一日、市立病院で岡本と資料作り。金子センのカルテがあったか岡田事務長に聞く。カルテ無し、死亡診断書あり。一二時三七分発熊本へ。弁護団会議（千場、青木、荒木、馬奈木照雄、吉野）。民生委員証明書持参。認定証明、住民票を取ること。

七月二日、「そてつ」四〇分延着し、一〇時水俣着、市役所へ住民票とり。

七月三日、六時三〇分発で松本が熊本へ、浜田の住民票を持参。住民票、戸籍抄本作り。釜夫人住民票持参。堀内（県総評）に渡辺政秋の在学証明を依頼。日吉、夜八時一七分熊本へ。

七月四日、県総評の川尻と渡鹿の印刷センターへ。水俣で夜、議員団会議（教育会館）。

七月六日、水俣で裁判学習会（教育会館）。昭和三四年のチッソ排水について（チッソ第一組合の花田、松田哲成、上村、岡本、市教組の猶木、窪山と日吉、松本）。午後浜元宅で互助会例会。

七月七日、渡辺京二来訪。「告発」の送り先調査。中村シメ来訪。尾上時義宅へ。五時よりチッソ第一労組にて学習会グループの人集めについて話し合い。

七月九日、水俣市助役と交渉（九時〜一一時）「訴訟派のための裁判費用出せ」（日吉、村上、元山、渡辺、浜元）。地協役員会に出席。

七月一〇日、市教組スト、一〇六名参加。

七月一二日、全国公害連来水、チッソ正門前で歓迎集会。三時まで助役交渉、四時より湯之児病院患者見舞い。

七月一三日、水俣で全国公害連会議（公会堂）。各地報告。交流会一二時まで。

七月一四日、裁判学習会（五時〜七時）、アセトアルデヒド製造工程について。

八月二日、熊本で水俣病を告発する会の集会「映画と講演」（熊本市民会館・日吉、坂本フジエ他二名参加）。以下は参加者からの感想。「一任派の人達にもっと腹をたてて怒れ。訴訟は日本中に知らせる。三四年の見舞金契約は〝漁民対警察・企業との結びつき〟の構造だ」ほか。

八月五日、裁判費用二〇〇万円の援助の問題で対市交渉。総務課長「民事の場合当事者が負担すべきである」。

八月六日、非認定死亡の山田善蔵の件で熊大武内教室へ（朝日船橋、日吉、松本、川本輝夫）。午後六時より県民会議、四大公害訴訟支援を決定。市民会議、裁判費用二〇〇万円問題対市交渉を報告。

八月九日、労組と懇談会（水天荘・一三時）。患者家族、弁護団（千場、東、久保田、本田、荒木、修習生四名、事務員二名）、市民会議がタチ魚釣り大会（湯堂坂本宅）。

八月一〇日、熊本で母親大会に参加（日吉、坂本マスヲ、坂本嘉吉、渡辺栄蔵、平木トメ、坂本タカエ、松本）。水俣で「裁判班研究会」。告発の会約三〇名来水。市内デモ、交流会、チッソ正門前座り込み。

八月一八日、二〇〇万円援助問題で公害対策委員長渕上末記を訪問、渕上「助役が公害対策委員会に責任をかぶせるというのはけしからん。執行者の腹一つだ」。責任をなすりあっているため抗議の座り込みを決める。

八月二〇日、午後一時より対市交渉に集まったが助役、総務課長熊本へ出張（逃げる）。午後四時頃より市役所玄関前に座り込み。助役、総務課長夜に至るも帰宅せず、徹夜座り込み。

八月二一日、朝チッソ正門前でビラ配り。午前一〇時より公害対策委員会、水俣市としての態度不明のまま、自治省にお伺いのため上京することを決定。午後、座り込みを解き拠点を教育会館に移す。渕上末記宅を訪ね上京には患者代表も同行するよう求めたが返事あいまい。

九月一日、訴訟費用カンパ第一次行動で人吉へ。患者家族ら三〇名。水俣病研究会発足。

九月二八日、熊本で公害認定一周年行動。

一〇月一一日、チッソ、水銀母液の処理急ぐと判明し、熊本地裁が証拠保全。

一〇月一五日、熊本地裁第一回口頭弁論。原告遺影を抱いて入廷（上村智子と多くの遺影は退廷を命じられる）。山本弁護団長訴状朗読。渡辺栄蔵原告代表訴え。原告弁護団、因果関係について被告側へ質問。

一一月九日、荒尾・大牟田で三池災害七年忌大集会に水俣病患者ら参加。

一一月二三日、熊本告発の会が水俣訪問。湯之児病院、患者家庭訪問、交流会。

一二月六日、川本輝夫が熊本県人権擁護委員会連合会へ未認定死亡患者の人権無視を訴える。

一二月二七日、救済法に基づく新審査会発足。チッソが第二準備書面提出。

一九七〇年（昭和四五年）

一月五日、水俣で告発する会と市民会議が年頭デモ。

一月八日、認定患者に公害医療手帳交付。

二月一五日、水俣で弁護団現地調査（九人）。三四年見舞金契約当時のいきさつについて。

二月一九日、寺本知事に陳情（日吉、佐藤スマ、杢田、馬場）。認定基準の改善、死亡者も認定をなど。

三月一八日、熊本訴訟第三回口頭弁論。チッソ、補償処理委に委任したのは物価上昇に見合う見舞金の改定だと発言して問題となる。

三月二九日、市民会議、鹿児島県阿久根市で二八年以前の患者について調査。

四月一九日、市民会議、鹿児島県長島方面水俣病調査。

四月三〇日、告発する会、水俣市長に補償処理問題で抗議、デモ。

五月四日、西日本新聞、補償処理案「死者最高三〇〇万円、年金三二〜一二万円」と報道。

五月二七日、一任派、あっせん案受託調印。市民会議、水俣工場前で抗議の慰霊集会。チッソ第一組合抗議の八時間スト（初の公害スト）。

六月一七日、日吉が市議会で補償処理につき浮池正基市長を追及。

六月一八日、日吉、市長を追及した発言に関して懲罰処分を受ける。

七月三日、東京―水俣巡礼団が東京を出発（砂田明団長以下一〇名）。

七月四日、水俣病裁判出張尋問。細川一が東京の癌研究会付属病院にて証言。ネコ四〇〇号実験を中心に、チッソ社内研究について当時のメモ提出。

七月九日、東京―水俣巡礼団熊本着。患者らと対面、交通センターで歓迎集会。

七月一八日、東京・水俣病を告発する会が一株運動開始。

八月一〇日、チッソ、ネコ実験記録簿を熊本地裁へ証拠として提出。

八月三〇日、水俣病研究会『水俣病に対する企業の責任――チッソの不法行為』刊行（非売品）。

九月二日、参議院議員団来水。一任派と訴訟派の両派より別々に陳情。

九月二四日、熊本県、水俣湾とその周辺の水銀汚染調査（四四年度）結果発表。泥土、魚、貝類より相当量の水銀検出。

一〇月一三日、細川博士、東京の癌研付属病院にて肺ガンのため死亡（六九歳）。

一〇月一七日、水俣高文化祭で水俣病問題を扱う。

一一月三日、訴訟患者と市民会議、鹿児島でカンパ活動。

一一月二八日、訴訟患者、市民会議、告発する会が巡礼姿でチッソ株主総会に乗り込む。

一二月八日、熊本県議会で伊藤衛生部長「一斉検診する気なし」と答弁。一二月下旬、自治労県本部から訴訟派個人へ越年資金として二九〇万円貸出し。

一九七一年（昭和四六年）

一月八日、熊本地裁、チッソ水俣工場など現地検証。告発する会、水俣市民にビラ一万枚配る。

一月二〇日、原告側、チッソ元幹部の西田栄一元工場長、吉岡喜一元社長、徳江毅元技術部長らを証人申請。

二月四～五日、第九～一〇回口頭弁論。西田証人因果関係認める。

二月二一日、県民会議医師団集団検診（出月公民館）。

三月五日、第一二回口頭弁論。西田証人ら退廷。「ウソつき」「人殺し」などの激しいヤジに証言拒否。

三月二二日、入鹿山教授退官記念講演で「水俣湾は現在なお危険な汚染状況」と語る。

四月八日、第一三回口頭弁論。西田証人尋問、爆薬説など。

四月一一日、水俣病研究会、毛髪水銀量調査表発見。

五月三日、四月に認定された患者のうち荒木康子ら三患者家族、チッソと自主交渉決定。

五月一〇日、市民会議、未認定問題と認定申請についてビラを新聞折り込み。

五月二六日、チッソ株主総会、ガードマンを雇い議案採決強行。

六月二一日、未申請非認定死亡の山田善蔵、四月に認定の故田中徳義、浜田シズエが追加提訴。

六月三〇日、富山イタイイタイ病裁判判決、患者側勝訴。

七月八日、自主交渉三家族、チッソに誠意なしとし提訴を決定。

七月三〇日、築地原司、諫山孝子、荒木康子の三家族提訴、原告三三世帯一二八名となる。

八月二六日、参議院で大石武一長官「一〇月以降不知火海一帯で検診する」と述べる。

八月三一日、渕上一二枝訴訟取り下げ。

九月二日、熊大（水俣病研究班）、月浦、出月、湯堂地区で一斉検診開始、アンケート調査。

九月一〇日、報道写真家ユージン・スミス水俣に入る。

九月二九日、新潟水俣病裁判判決、患者側勝訴。

一〇月四日、熊本県、不知火海沿岸漁民約五万六〇〇〇人に住民検診アンケート調査始める。

一〇月六日、熊本県、川本輝夫ら不服申立ての七名を含む一六名を認定。

一〇月二五日、熊本の告発する会、チッソ水俣工場に抗議の座り込み。

一一月六日、東京告発会員らチッソ東京本社前に座り込み。

一一月七日、大阪告発会員らチッソ大阪本店前に座り込み。

一一月二八日、市民会議、患者家族の調査録作成開始。

一二月九～一〇日、第二七～二八回口頭弁論。西田証人尋問。

一二月二九日、東京へ出た自主交渉派患者、告発する会々員ら、チッソのピケを破って東京本社内に座り込む。

一九七二年（**昭和四七年**）

一月二〇日、第二九回口頭弁論。西田証人尋問（西田関係の最終回）。

一月二一日、第三〇回口頭弁論。徳江証人尋問開始。

二月七日、熊本県、不知火海沿岸漁民約一万二〇〇〇人に対し第二次検診開始。

二月一七～一八日、第三一～三二回口頭弁論。徳江証人尋問、ネコ四〇〇号関係。

二月二七日、大石環境庁長官水俣現地視察。患者宅を回り「予想より悲惨、病名変更は当面不要」と語る。

三月三日、水俣市漁協代表が病名変更を環境庁などへ陳情のため上京。

三月一六～一七日、第三三～三四回口頭弁論。原告側申請のチッソ労働者八名について尋問。

四月七～八日、第三五～三六回口頭弁論。環境汚染などについて。一〇月結審決定。

四月一三～一四日、第三七～三八回口頭弁論。徳江、元水俣工場技術部次長市川正証人尋問。

五月一一日、第三九回口頭弁論。高野達雄証人尋問（見舞金契約書原案作成者、元熊本県鉱工課職員）。

五月一二日、第四〇回口頭弁論。証人尋問①宮本肇（元水俣工場技術部主任）②伊集院一男③平井兵馬。

五月三一日、浜元二徳、坂本しのぶ、フジエらストックホルム（国連人間環境会議）へ出発。

六月一四～一五日、裁判資金カンパキャラバン水俣—人吉—熊本。この頃より「弁護団資金の会」はじめる。(一口一〇〇円／月でチッソ第一労組、教組、水俣市職など中心に地協各単組が参加)。

六月一五～一六日、第四一～四二回口頭弁論。被告側申請の証人尋問(チッソ従業員関係)。

七月二日、水俣病闘争勝利集会(水俣市立体育館)。

七月七日、第四四回口頭弁論。被告側申請証人尋問(チッソ従業員関係)。

七月二〇日、第四五回口頭弁論。被告側証人尋問(チッソ従業員関係)。

七月二四日、四日市裁判判決、原告勝訴。

七月二四～三〇日、熊本地裁が現地出張尋問、原告本人尋問始まる。

八月三日、患者家族と市民会議が九州全域で裁判資金カンパ活動。

八月九日、富山イタイイタイ病控訴審判決、原告勝訴。

八月三一日、第四六回口頭弁論。原告、被告双方申請証人渡辺栄蔵、見舞金契約について。

八月より全国自治労に弁護団資金のカンパを訴える。自治労関係総額(昭和四八年三月頃集計)約三九〇万円(自治労水俣市職資料より)。

九月六日、第四七回口頭弁論。被告申請証人中津美芳(見舞金契約の当時互助会副会長)、中岡サツキ(同互助会会計)。

九月七日、第四八回口頭弁論。原田正純(熊大助教授)、医学的問題について。

九月八日、第四九回口頭弁論。椿忠雄(新潟大教授)、新潟と熊本の水俣病の比較などについて。

九月九日、橋本彦七(元チッソ水俣工場長、前水俣市長)死去。

九月一八日、訴訟派患者らチッソの第一組合差別などを抗議。

九月一九日、訴訟派、結審後は見舞金は受け取らぬと熊本地裁に伝える。

九月二六日、訴訟派患者らチッソ第一組合差別について、裁判支援を理由に差別はしないとの覚え書きをとる。

一〇月一一日、第五〇回口頭弁論。原告本人陳述。

一〇月一二日、第五一回口頭弁論。原告弁護団最終弁論。

一〇月一三日、第五二回口頭弁論。午前原告弁護団、午後被告弁護団最終弁論。細川博士三回忌を熊本地裁前にて行う。

一〇月一四日、第五三回口頭弁論。被告弁護団最終弁論。結審。

一〇月二〇日、訴訟派患者家族ら東京行動先発隊出発（六名）。

一〇月二四日、東京行動本隊出発（一七名）。

一一月八日、訴訟患者家族と日吉、篠栗詣でに出発。

一一月一一日、原告患者松本ムネ死亡。

一二月五日、認定患者熊本県四九人、鹿児島県三人、累計三四四人となる。

一二月二七日、東京地検、川本輝夫を起訴。

一二月二九日、訴訟派、自主交渉患者家族ら川本告訴をチッソ水俣支社に抗議。

一九七三年（昭和四八年）

一月二〇日、熊本第二次訴訟、熊本地裁に提訴、原告一四一人。

一月三一日、認定患者、熊本、鹿児島両県で五三人、累計三九七人。

二月五日、柴田フジエ（出水市）ら分離三家族、早期審理再開を熊本地裁に申し入れ、同地裁四月二〇日と回答。

二月八日、水俣病患者医療施設、明水園落成式。

二月一四日、患者らチッソ東京本社と興銀に座り込み、警官隊に排除さる。

三月八日、訴訟派、自主交渉派が判決後本社直接交渉について話し合い。弁護団と激論。

三月一七日、患者総会、判決後東京直接交渉は患者家族と市民会議が中心と決まる。熊本で告発する会が水俣病闘争貫徹市民集会。

三月一八日、チッソが控訴せずと発表。

三月二〇日、熊本水俣病一次裁判判決、患者ほぼ全面勝訴。チッソの企業責任に断下る。患者家族ら判決後、地裁前で報告集会。

自主交渉派と東京交渉団を組織（団長田上義春）。原告患者と家族釜時良・しおり、坂本嘉吉・トキノ、坂本フジエ・しのぶ、荒木洋子、上村好男、浜元二徳・フミエ、溝口忠明、田上義春、坂本タカエ、杉本雄・トシ、江郷下マス・一美・美一、長島アキノ・辰枝、尾上光雄・ハルエ、尾上時義・ツイ、中村シメ、前島武義、山田ハル、諫山茂、浜田義行。市民会議からは日吉フミコ、松本勉、吉海二男、花田俊雄、坂本数広、田上信義、岡本達明、山下善寛、松崎次夫、伊東紀美代。熊本告発代表の本田啓吉ほか。「あかつき」四号で東京へ。

三月二一日、一時三〇分、東京着。自治労会館に宿泊。
三月二二日、九時三〇分チッソ東京本社前着。午後一時から交渉。チッソより次の誓約書を取る。

誓約書

当チッソ株式会社は熊本地方裁判所にて、昭和四八年（一九七三年）三月二〇日の判決に対して、上訴権放棄を明言しました。よって、この判決に基づく全ての責任を認め、以後水俣病に係るすべての償いを誠意をもって実行いたします。右誓約いたします。

昭和四八年三月二二日
チッソ株式会社取締役社長　島田賢一　印
チッソ本社交渉団長　田上義春　殿

「日吉フミコ行動録」作成にあたって
▼この記録の最初に新日窒水俣工場付属病院の細川一院長のことが掲載してある。細川が『文藝春秋』の昭和四三年一二月号に、水俣病発生当時の模様を書く気になったのは、大きな社会問題としてマスコミが取り上げはじめていたからである。「去る八月の末ごろ、大新聞の社会面のトップに、水俣病に関してかなりセンセーショナルな記事が掲載されていた。……〝隠されていた工場側の実験〟という大見出しをみているうちに、なんとなくその頃の思い出を語ってみたいような気持ちになった」と、その冒頭に書いている。

昭和四五年七月四日、東京の癌研究会付属病院に入院していた細川は患者側の証人として、ネコ実験の模様を病室で証言した。この証言は患者側に極めて有利な証言となった。こうした経過があることと、水俣病発生のころの細川の記録を知ってもらいたいという編者らの気持ちも働き、この記録に追加して載せた。
▼記録の大部分は日吉フミコが長年にわたって記録していた「日吉メモ」（未公開）から転記した。
▼有馬澄雄編『水俣病』（青林舎、一九七九年）、宮澤信雄著『水俣病事件四十年』（葦書房、一九九七年）、日本公衆衛生協会『水俣病に関する総合的調査手法の開発に関する研究報告書』（昭和五四、五五年度、熊大丸山定巳研究室による水俣病関連記事の見出し集）を参考にした。

（松本　勉）

編集後記

私が日吉フミコ先生の記録を、水俣病事件史の一頁として書き残さねばならぬとぼんやり考えるようになったのは一〇年ばかり前のことである。多くの水俣病事件史が書かれているが、何かが抜けているように思われてならなかった。

市民会議をつくる前年の、昭和四二年頃の水俣は、水俣病問題を口にすることはタブーの観があったが、日吉先生のずば抜けた行動力と果敢な闘志は患者家族の重い口を開き、歩みをともにし、見事な仕事をなし遂げた。これまで、その記録がなかったのは、市民会議発足まえから一次裁判が終わるまで、日吉先生の陰で動いてきた私の怠慢でもあった。

三年ばかり前、第一次水俣病訴訟原告の一人、上村好男さん（智子さんのお父さん）が定年になって時間的余裕ができ、顔を合わせる機会が多くなった。日吉先生の記録を残そうと話したら大賛成であった。上村さんと図書館へ通って、市議会議事録の水俣病関係のみを拾い出し、コピーして切り貼りしたり、読み合わせしたりして、とにかくワープロに入れてさえおけば後はなんとかなる、上村さん頼む、ということでたいへんご苦労願った。出版に向けての土台つくりであったが、そこで止まって先へ進めないでいた。

昨年（平成一二年）七月末、市民会議発足当時、朝日新聞の記者で水俣駐在だった中原孝矩さんが定年になったと挨拶に見えられた。市民会議は中原さんにずいぶんお世話になって、水俣から転勤になるとき、転勤の先々では必ず消息を知らせるようお願いしてあって、今まで縁が続いてきた。中原さんは鹿児島県の指宿駐在中（一九九三年三月～）、日吉メモ六冊を借りてワープロに入力し、B5判一〇〇頁にまとめあげられた。これは患者家族や市民会議の人たちの顔が見える水俣病年表になっているが、まだ未整理の部分が多く、一般公開するにはいたっていない。さっそく日吉先生と上村さんに会ってもらい、この本の編集長をやってくれないかと頼み込んで引き受けてもらった。福岡県甘木市から八回も水俣へ来ていただき、松本宅やホテルに泊まり込んで、編集作業は急速に進んだ。

最初の原稿を宮澤信雄さんに読んでもらった。宮澤さんは市民会議発足当時、NHKの熊本放送局に勤めておられたアナウンサーで、水俣へよく取材に来ておられた。日吉先生が三期目の市会議員に挑戦されたとき選挙応援に駆けつけられ、日吉先生のことを「火の国の火の女日吉フミコ」と、その頃の日吉先生にふさわしい言葉で応援しておられたことをよく覚えている。水俣病研究会の一員として、大部の『水俣病事件資料集』（葦書房）の編集にも参加し『水俣病事件四十年』（同）の著書もある。その宮澤さんから、短時日のうちに全部を読み通し、適切な指摘を述べたお手紙をいただいた。中原さんにもその手紙を送ったら、宮澤さんの指摘通りと喜んでいただいた。

「日吉フミコ先生の議会議事録の出版資料がようやくととのい、出版社の草風館あてに手放せたことでほっとしました。まだいくつかの重要な作業が残っていますが、頂上は見えました。……松本さんの健康状態と新幹線との闘いを考えると、失礼ながら、松本さんだけでは出版は夢に終わったのではないか、との感慨を禁じ得ません」。中原さんからもらった手紙の一節だ。ほんとうにそうだったなあ、と思い感謝にたえない。

市民会議を発足させてすぐ、熊本県出身の園田直代議士が厚生大臣になったことは運がよかった。園田代議士は自民党のなかでも野人的性格の持ち主で、園田大臣でなければ政府の公害認定は難しかったろう。日吉先生が患者を引き連れて松橋療護園の前で園田大臣をつかまえ、声涙下る訴えをしたとき、園田大臣は「患者以外の水俣市民が患者と一緒になって運動を盛り上げてくれることでやりやすくなった」と言った。それから何回も園田大臣を東京に訪ねた日吉先生の力も、大臣の大きな支えになったことは間違いない。『「長い間水俣病問題でけじめをつけず全く申し訳ありませんでした』。昭和四三年九月二二日、水俣市を訪れた厚生大臣園田直は国の責任者として初めて患者に深々と頭を下げた。四日後、水俣病を公害病に認定。園田は福田内閣の官房長官で復活するまで丸八年、大臣はおろか党の要職にもつけぬ冷や飯時代が続いた」（「ふるさとの人物に見る二〇世紀」熊本日日新聞・平成一一年一一月一日から）ことから見れば、相当の勇気が要ったことであったろう。

この、園田大臣の、公害認定を前にした水俣訪問に、水俣市は日吉先生に案内状も出さなかったが、先生は車まで出迎えた。降り立った大臣は先生の肩に手をやり「いろいろ苦労があるそうだね」とねぎらった。市庁舎の階段を上りながら、「集まった患者たちの陳情を受けてください」と先生が言うと「ああいいよ」と言って二階ホールに椅子を並べておくよう市の職員に言い、市長室での話が終わってから患者たちの陳情を受けた。市の予定にはなかった行動だった。「深々と頭を下げた」のはこの場面である。先生に目をやり「公害認定は間もなくだよ」と言った。

園田代議士は、「公害病の認定にあたって」（『ミナマタ病・三十年　国会からの証言』馬場昇著、昭和六一年五月発行）の一文で次のように述べている。「ややオーバーながら歴史的決断をくだし得たことに誇りを持っています。……私が厚生大臣に就任した昭和四二年一一月まで、政府は何ら政策を打ち出していませんでした。……公害病認定と言葉で言えば簡単ですが、明治以来踏襲されてきた工業優先の思想を根底からくつがえす決断だっただけに、さまざまな場面で体を張らざるを得ませんでした。……とはいえ、水俣市の人たちからは必ずしも歓迎されませんでしたが、私は歴史的な役割を果たしたのだし、誰かがくださなければいけない決断だったと思っています」。日吉先生は、天光光夫人にもよくしてもらったという。

昭和四四年四月五日、水俣病患者家庭互助会の山本会長宅で開かれた互助会総会は「確約書」をめぐって紛糾、山本会長は自宅を飛び出し、確約書に賛同する人たち（一任派）は会長の後について外に出た。確約書に危険を感じている者は主のいなくなった家で、それぞれの思いを語りあっていたが、三々五々家路につき、語りたらぬ者は後の訴訟派の溝口忠明さんの家（後にユージン・スミスが借りていた家）に集まった。当日の模様を「水俣病補償さらに混沌、結論またも持ち越し、互助会総会、確約書問題など激論」と熊本日日新聞は伝えている。日吉先生と市民会議に参加していた新日窒水俣工場労組教宣部長の岡本達明さんの二人は新潟へ行っていて留守で、日吉先生が水俣へ帰ってきたのは四月一〇日であった。

チッソから自主交渉を拒否され、崖っぷちに立った患者家族のなかで、訴訟に踏み切る家族が何人いるか、全く分からなかった。一人もいないかも知れなかった。私は勤務中に互助会の集まりに呼び出された。日吉先生も岡本さんも留守中のことであった。

「市民会議は裁判せろちいうとかな？　裁判する銭は持っとるとかな？」と聞かれた。

「銭は持たん。銭は今は持たんばってん、あんたたちが裁判に踏み切ればつくってみせる」と私は言った。

一任派の幹部はタクシーに乗って一人でも多くの人を、と確約書への印かんを集めて回った。患者の坂本マスヲさんの家には一任派の幹部は回ってこなかった。マスヲさんはみんなが乗ったバスに乗り遅れた寂しさ、悲しさに襲われ涙が出た。数日して訴訟派の集会が開かれた。それには訴訟の決意を固める印かんを持っていくことになっていた。マスヲさんは印かんを持っていっていいか、と夫にたずねた。だんまり屋の夫はしばらくウンともスンとも言わず黙っていたが「勝手にしろ」とそばにあった茶わんを投げつけた。マスヲさんは印かんを握りしめ、しばらく考えていたが、夫が家に帰って来るなと言えば、二度とこの家の敷居はまたぐまいと決意して家を出た。集まりに行くといくらか心強かったが、不安は消えなかった。これから先どうなるのだろう。新潟から帰った日吉先生が姿を見せた。マスヲさんは日吉先生の胸に顔を埋め、声を上げて泣いた。「先生、私はあなたにすがって生きていくよりほかに道はありません」

裁判すればハゼ山裁判のように二〇年もかかる、勝っても金は弁護士にとられてしまう。チッソはそんなうわさを流し、裁判すれば孫子の代までたたる、という田舎にあって、訴訟を決めた患者家族も大なり小なり、マスヲさんと同じ気持ちであったろう。

訴訟の決意を固めた患者家族は二九世帯、一一二人で、六月一四日熊本地裁に提訴した。それから一年半か二年ばかりの間、三四年末の見舞金契約がからんでの話だったが、患者側の負けという話をその道に詳しいらしい人たちから私は何回も聞いた。そのたびに、私は負けてはならぬ裁判と思った。

一次裁判にもあった和解の話をしよう。昭和四七年二月、チッソは水俣の革新系「有力者」を通じて訴訟派幹部に、死者五〇〇〇万円で和解を働きかけたことがある。訴訟派幹部はかなり真剣に考えていて、すべては水泡に帰す状態にあった。これが表ざたにならず、何事もなかったように一〇月の結審を迎え、翌年三月二〇日の判決を迎えることができたのは、岡本達明さんがいたからである。その「有力者」はかなりの年齢ではあったが岡本さんには一目おいていたようなところがあった。岡本さんと一緒に「有力者」に会いに行ったのは、日吉先生と松本のほかに二人くらいいたようにも思うがはっきりした記憶はない。「有力者」は「会社（チッソ）を追いつめて叩きのめすようなことは、ゲスのやることだ」というような意味のことを言った。激しくなっていく水俣病闘争を憂えているようだった。このときの、こちらの話の主役は岡本さんだったが、「有力者」は話しているうちに、不満のようだったが沈黙していった。この問題は表面上は消えて見えないようになったが、訴訟派幹部には尾を引いて影を落とし、判決後の東京交渉団長に新たに田上義春さんが就いたのもそのためであった。

斎藤次郎裁判長は、法廷内では厳しい人であった。ちょっとした野次にも目を光らせた。斎藤裁判長の態度がかわったのは、結審（一九七二年一〇月一四日）を目前に控えた七月二四日から始まった患者家族の現地尋問からであった。それは外目に見てよくわかった。これなら患者の勝訴は間違いなかろうと思う一面、裁判は開けてみなければ分からないという不安もあった。しかし、患者側の全面勝訴になった。判決骨子は言う。

①水俣病の発症は、被告チッソ水俣工場から放流されたアセトアルデヒド製造設備廃水中の有機水銀化合物の作用によるものである。

②被告チッソ水俣工場では、この廃水を工場外に放流するにあたり、合成化学工場として要請される注意義務を怠ったから被告に過失の責任がある。

③いわゆる見舞金契約は、公序良俗に違反し無効である。

④原告らの損害賠償請求権の消滅時効は、未だ完成していない。

⑤よって、被告は原告らに対し不法行為に基づく損害賠償の義務がある。

すばらしい判決だった。斎藤次郎裁判長は定年後、一九八六年六月二日、福岡市南区の国立九州がんセンターですい臓ガンのため死去された。六二歳であった。葬儀には浜元二徳さん夫妻と私も参列させてもらった。

判決があって二八年目に、胸につかえていた日吉先生の「闘いの記録」ができあがった。上村さんが土台をつくってくださり、私は真ん中にいてもだえてばかりいて、中原さんが仕上げをしてくださった。お二人の応援がなければとてもできなかった。タイトル「水俣病患者とともに　日吉フミコ　闘いの記録」は、提訴の翌年に東京から水俣へ移住し、現在も患者を支えている伊東紀美代さんの案をそのまま使わせてもらった。ほたるの家グループ、谷洋一さん、砂田エミ子さん、坂本しのぶさん、校正をしていただいたうえに、ご忠言などいただいた、宮澤信雄さん、岡本達明さん、西村幹夫さんに感謝している。

二〇〇一年（平成一三）七月

（松本　勉）

【編者略歴】

松本勉(Matumoto Tsutomu)昭和六年(一九三一)水俣市生まれ。昭和二七年水俣市役所入所。昭和二八年水俣高校定時制卒業。市役所職員労働組合書記長、水俣地区労働組合協議会事務局長など歴任。昭和四三年一月、日吉フミコらと水俣病対策市民会議結成。水俣病患者の支援運動をはじめる。平成二年市役所退職。

上村好男(Kamimura Yosio)昭和九年(一九三四)大口市生まれ。昭和二八年水俣市に移住。昭和三〇年松本良子と結婚。昭和三一年智子出生(昭和三七年水俣病に認定、昭和五二年死去)。昭和三一年扇興運輸入社。平成六年同社退職。

現在、松本、上村は水俣市内山で日吉フミコと胎児性患者などを考える「ホタルの家」に参加。

中原孝矩(Nakahara Takanori)昭和一五年(一九四〇)北九州市(旧戸畑)生まれ。昭和三九年北九州大学外国学部卒業。一九六七～六九年まで朝日新聞記者として水俣市に駐在。平成一二年同社退職。現在、甘木市に在住、種々なボランティア活動に参加。

水俣病患者とともに　日吉フミコ　闘いの記録
二〇〇一年九月一日発行
編　者　松本勉・上村好男・中原孝矩
装丁者　山崎　登
発行者　内川千裕
発行所　草風館
東京都千代田区神田神保町三—一〇
tel 03-3262-1601　fax 03-3262-1602　〒101-0051
http://www.sofukan.co.jp　e-mail:info@sofukan.co.jp
印刷所　平河工業所
ISBN4-88323-121-6　C0036